KB045104

멘사퍼즐 수학게임

• 《멘사퍼즐 수학게임》은 멘사코리아의 감수를 받아 출간한 영국멘사 공인 퍼즐 책입니다.

MENSA®

멘사퍼즐 수학게임

PUZZLE

멘사코리아 감수
로버트 앨런 지음

보누스

멘사퍼즐을 풀기 전에

《멘사퍼즐 수학게임》의 세계에 오신 것을 진심으로 환영합니다. 이 책은 두뇌를 활성화하고 수학적 사고력을 키워주는 것은 물론, 일상에서도 꾸준히 뇌 단련 프로그램으로 활용할 수 있도록 여러분을 도와줄 것입니다. 130개가 넘는 흥미진진한 수학 퍼즐이 여러분을 기다리고 있습니다. 몇 초면 풀 수 있는 매우 쉬운 문제도 있고, 하루 종일 머리를 싸매도 풀기 어려운 문제까지 골고루 들어 있지요.

사람에 따라 문제의 난이도가 완전히 다르게 다가올 것입니다. 성격이나 해결 방향에 따라서도 어떤 퍼즐 유형은 쉽고, 어떤 유형은 어렵다고 느껴지겠지요. 같은 유형이지만 풀이법이 완전히 달라지는 문제도 있습니다. '이건 아까 봤던 문제와 같은 패턴이잖아?'라고 생각해 똑같은 방법으로 접근했다가는 문제를 풀어낼 수 없을지도 모릅니다. 이것이 정교하게 제작된 멘사퍼즐의 매력이기도 하지요.

문제를 풀다 막힐 때가 있다면, 잠시 멈추고 다른 퍼즐 유형을 풀어보다가 다시 본래의 문제로 돌아와 이어서 풀어보길 바랍니다. 때로는 이렇게 머리를 환기하는 것만으로도 번뜩이는 영감을 얻을 수 있을 것입니다. 풀다가 도저히 뚫어낼 수 없을 정도로 꽉 막히는 문제가 생기더라도

걱정하지 마세요. 그럴 때를 대비해 최후의 수단으로 책에 친절한 해답을 실어놓았습니다.

쉽게 실마리를 찾지 못하는 문제를 만나 해답 페이지에 손이 갈 수도 있겠지요. 하지만 영영 풀지 못할 것 같은 퍼즐을 끈질기게 붙잡고 늘어지면서 마침내 정답을 구해냈을 때의 쾌감은 그 무엇과도 바꿀 수 없는 즐거움입니다. 여러분이 그 즐거움을 온전히 느낄 수 있으면 좋겠습니다.

짧게는 며칠이나 일주일, 길게는 몇 달이 걸리더라도 꾸준히 퍼즐을 풀어보세요. 성취감과 자신감은 물론, 일상의 크고 작은 문제를 해결하는 능력까지 몰라보게 달라지리라 믿습니다. 더불어 이 책이 여러분의 일상을 새롭게 바꾸는 활력소가 된다면 더할 나위 없이 기쁠 것입니다.

흥미로운 수학 게임을 즐기며 두뇌를 단련해보시기 바랍니다!

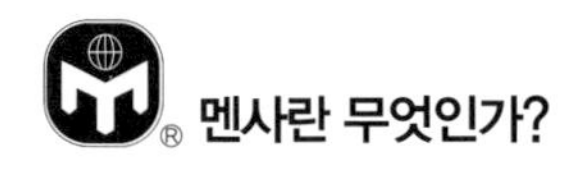

멘사란 무엇인가?

멘사란 '탁자'를 뜻하는 라틴어로, 지능지수 상위 2% 이내(IQ 148 이상)의 사람만 가입할 수 있는 천재들의 모임이다. 1946년 영국에서 창설되어 현재 100여 개국 이상에 14만여 명의 회원이 있다. 멘사코리아는 1998년에 문을 열었다. 멘사의 목적은 다음과 같다.

- 첫째, 인류의 이익을 위해 인간의 지능을 탐구하고 배양한다.
- 둘째, 지능의 본질과 특징, 활용처 연구에 힘쓴다.
- 셋째, 회원들에게 지적·사회적으로 자극이 될 만한 환경을 마련한다.

IQ 점수가 전체 인구의 상위 2%에 해당하는 사람은 누구든 멘사 회원이 될 수 있다. 우리가 찾고 있는 '50명 가운데 한 명'이 혹시 당신은 아닌지?

멘사 회원이 되면 다음과 같은 혜택을 누릴 수 있다.

- 국내외의 네트워크 활동과 친목 활동
- 예술에서 동물학에 이르는 각종 취미 모임
- 매달 발행되는 회원용 잡지와 해당 지역의 소식지
- 게임 경시대회, 친목 도모 등을 위한 지역 모임
- 주말마다 열리는 국내외 모임과 회의
- 지적 자극에 도움이 되는 각종 강의와 세미나
- 여행객을 위한 세계적인 네트워크인 'SIGHT' 이용 가능

멘사에 대한 좀 더 자세한 정보는 멘사코리아의 홈페이지를 참고하기 바란다.

- 홈페이지 : www.mensakorea.org

차 례

일러두기

- 각 문제 아래에 있는 쪽번호 옆에 해결 여부를 표시할 수 있는 칸이 있습니다. 이 칸을 채운 문제가 늘어날수록 지적 쾌감도 커질 테니 꼭 활용해보시기 바랍니다.
- 이 책에서 '직선'은 '두 점 사이를 가장 짧게 연결한 선'이라는 사전적 의미로 사용되었습니다.
- 이 책의 해답란에 실린 해법 외에도 답을 구하는 다양한 방법이 있음을 밝혀둡니다.

MENSA PUZZLE

멘사퍼즐 수학게임

문제

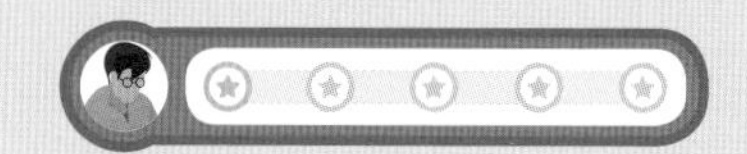

정육면체의 면 A~O 중에서 같은 얼굴이 그려진 짝을 찾아야 한다. 무엇과 무엇일까?

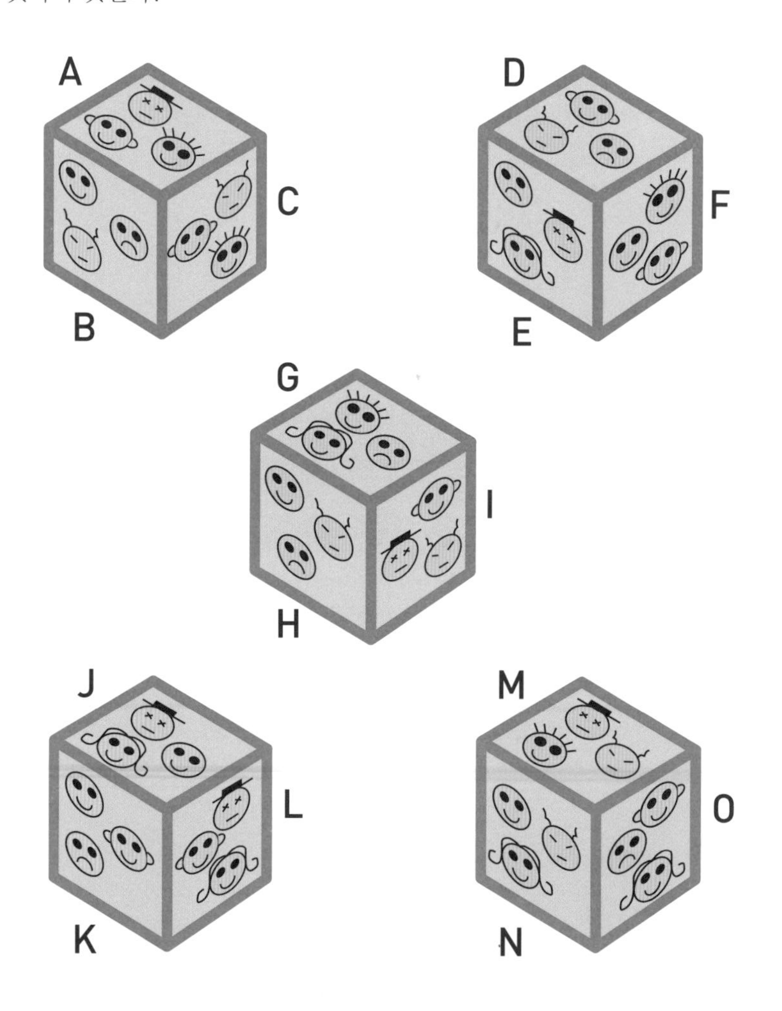

 답:172쪽

일곱 개의 공 중 어느 하나만 나머지와 다르다. 그 공은 무엇일까?

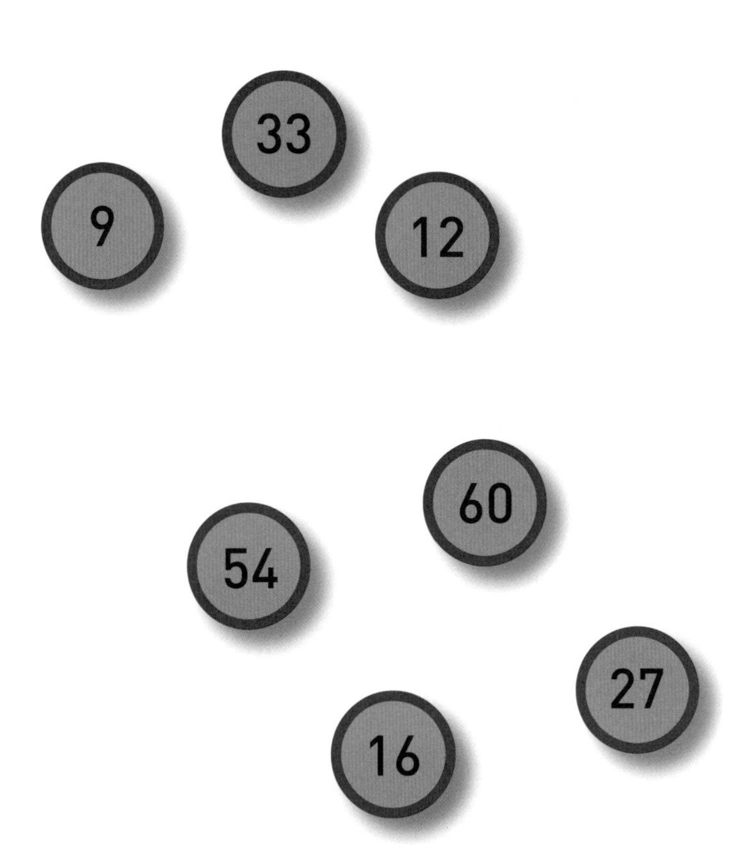

답:172쪽

두 원에 쓰인 숫자가 서로 같은 값이 되도록 물음표 자리에 + 또는 −를 넣어야 한다. +와 −는 중복해서 사용해도 상관없다. 연산 부호를 어떻게 넣어야 할까?

 답:172쪽

숫자들이 일정한 규칙에 따라 배치되어 있다. 물음표 자리에 들어갈 숫자는 무엇일까?

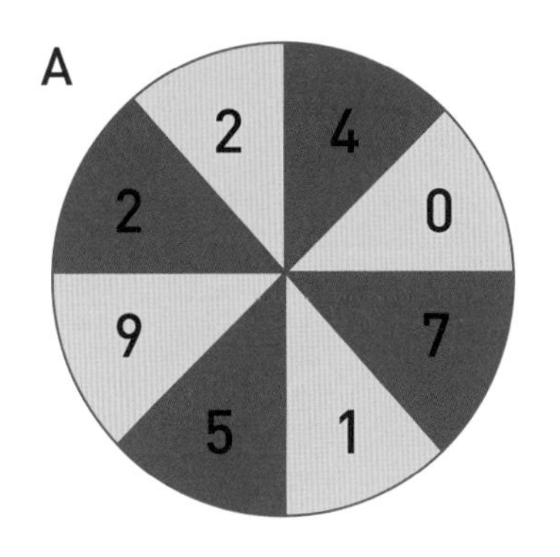

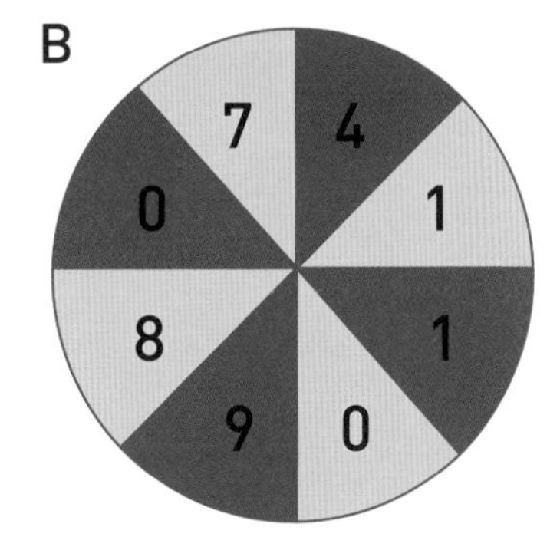

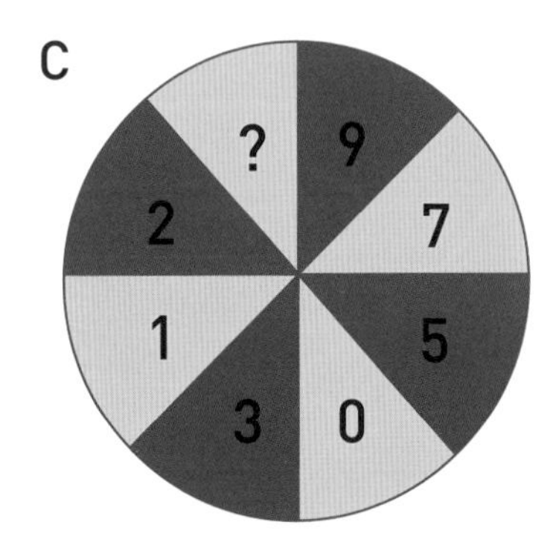

답:172쪽

그림 안에 숫자들이 일정한 규칙에 따라 배치되어 있다. 물음표 자리에 들어갈 숫자는 무엇일까?

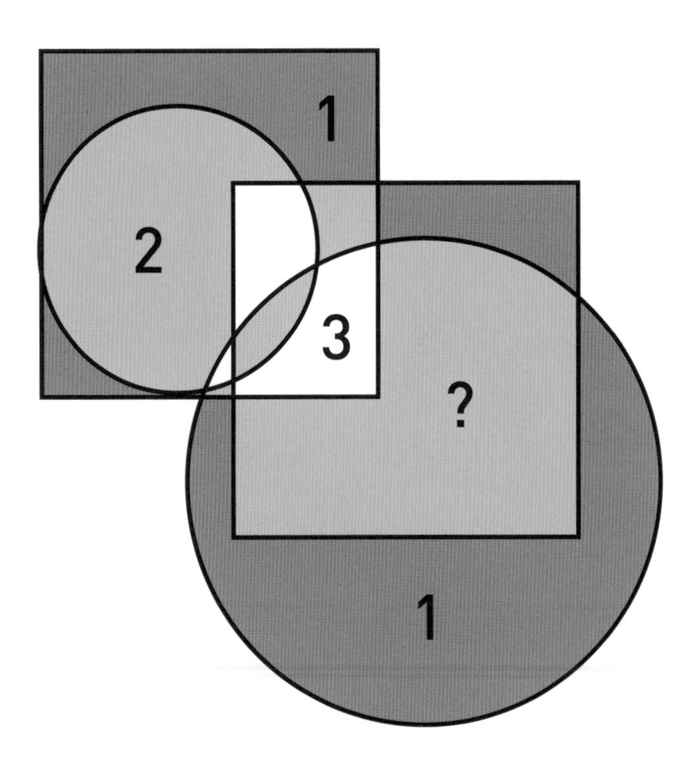

 답:172쪽

숫자들이 일정한 규칙에 따라 배치되어 있다. 그 규칙은 무엇이고, 삼각형 A~D 중 규칙에 맞지 않는 하나는 무엇일까?

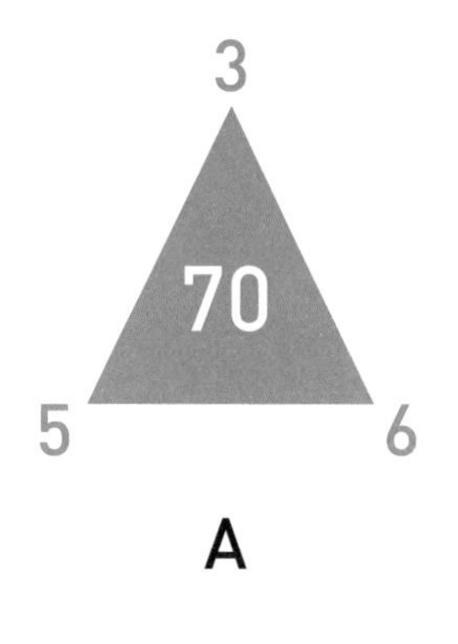

A

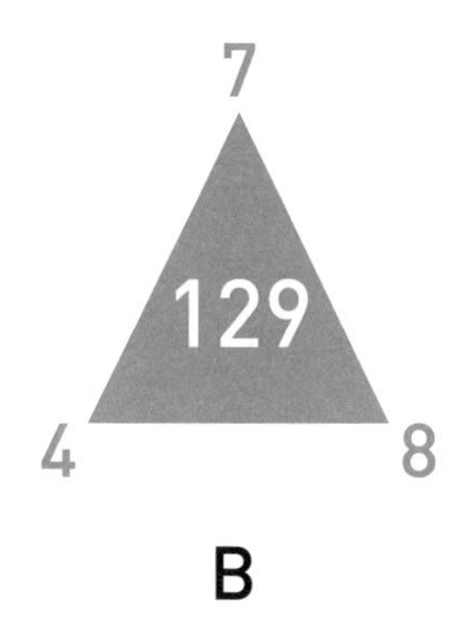

B

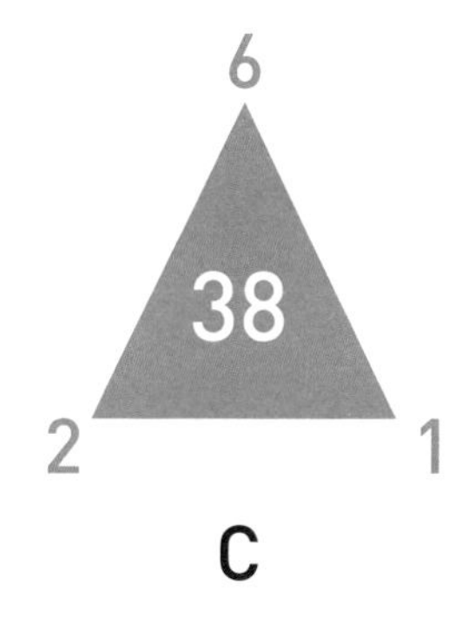

C

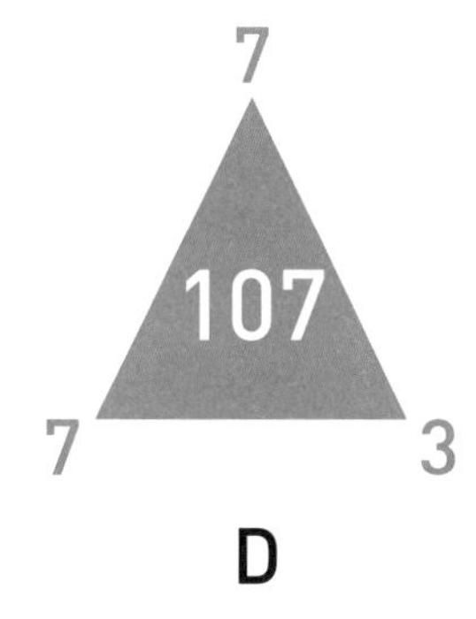

D

답:172쪽

아래 전개도로 만들 수 없는 정육면체는 보기 A~E 중 어느 것일까?

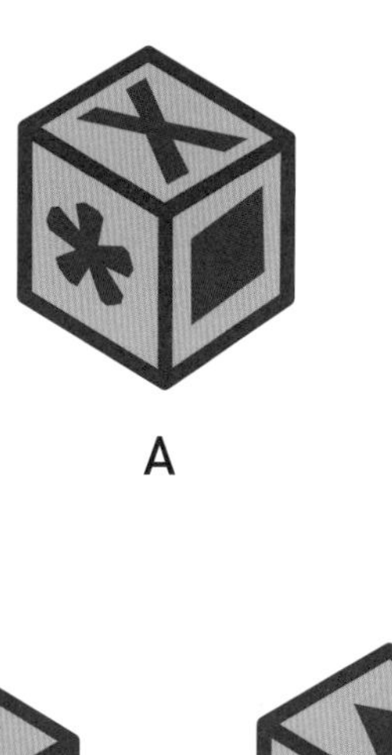

A

B

C

D

E

색과 숫자의 규칙을 찾아보자. 물음표 자리에 들어갈 색과 숫자는 무엇일까?

12345?

답:172쪽

다섯 개의 도형 중 어느 하나만 나머지와 다르다. 그 도형은 보기 A~E 중 어느 것일까?

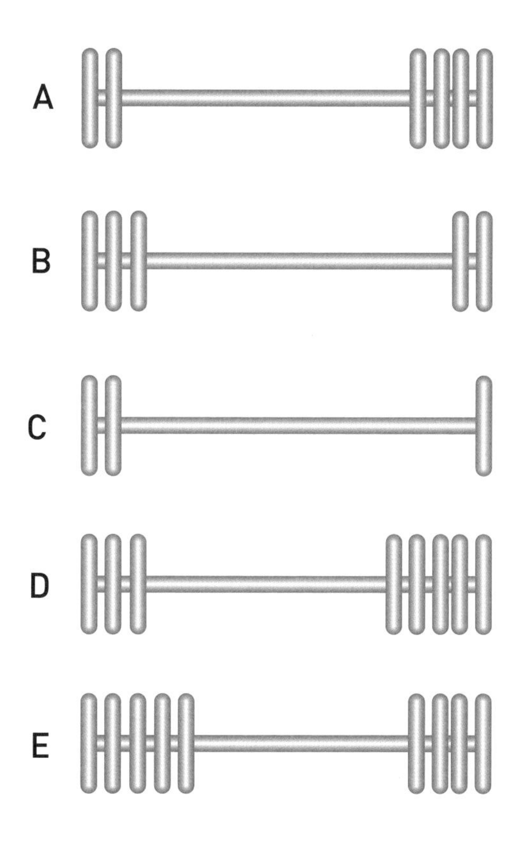

답:172쪽

마지막 저울의 균형을 맞추려면 물음표 자리에 어떤 그림이 몇 개 들어가야 할까?

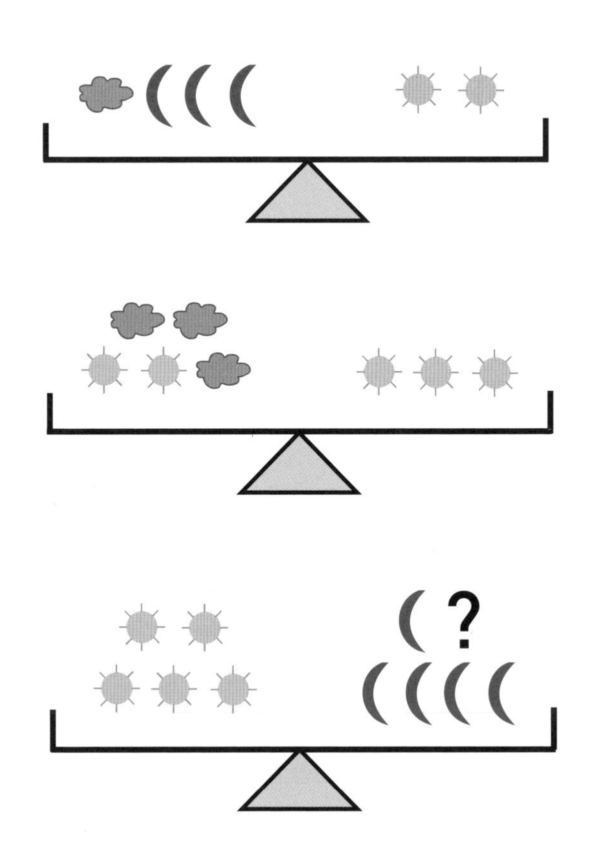

답: 172쪽

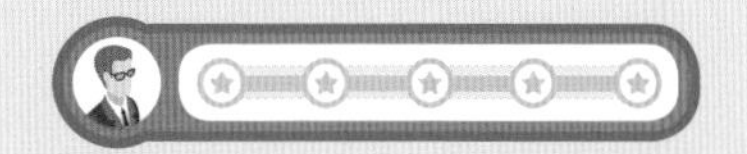

각 칸에 있는 색은 1~9 사이의 숫자 중 하나를 나타낸다. 같은 줄에 있는 칸의 숫자와 색을 모두 더하면 각 줄 바깥에 있는 숫자가 나온다. 물음표 자리에 들어갈 숫자는 무엇일까?

4	8	3	2	7	5	6	1	9	4	?
2	3	7	6	2	4	1	5	3	7	90
8	7	3	2	4	6	9	1	4	2	101
4	3	6	8	2	9	7	6	8	7	115
3	2	1	6	9	8	8	7	3	4	101
6	2	3	8	4	1	9	7	2	6	104
7	3	4	2	1	9	4	5	3	5	100
6	5	4	3	2	8	4	7	6	1	103
3	5	2	1	8	6	9	4	3	7	106
6	8	7	3	2	4	5	9	5	6	109
103	98	99	100	81	117	121	109	99	107	

답:172쪽

아래 전개도로 만들 수 없는 정육면체는 보기 A~E 중 어느 것일까?

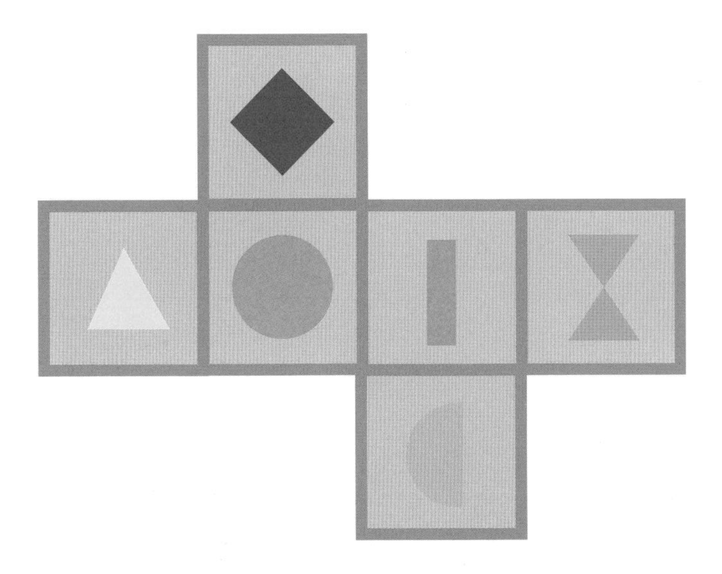

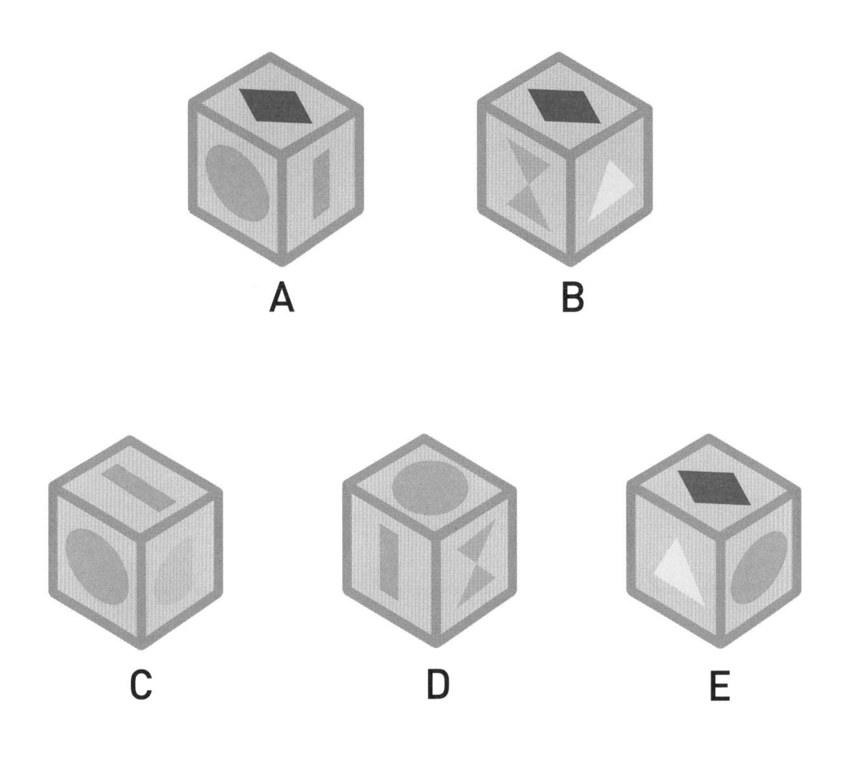
A
B
C
D
E

013

아래 도형은 일정한 규칙에 따라 나열되어 있다. 물음표 자리에 들어갈 도형은 보기 A~E 중 어느 것일까?

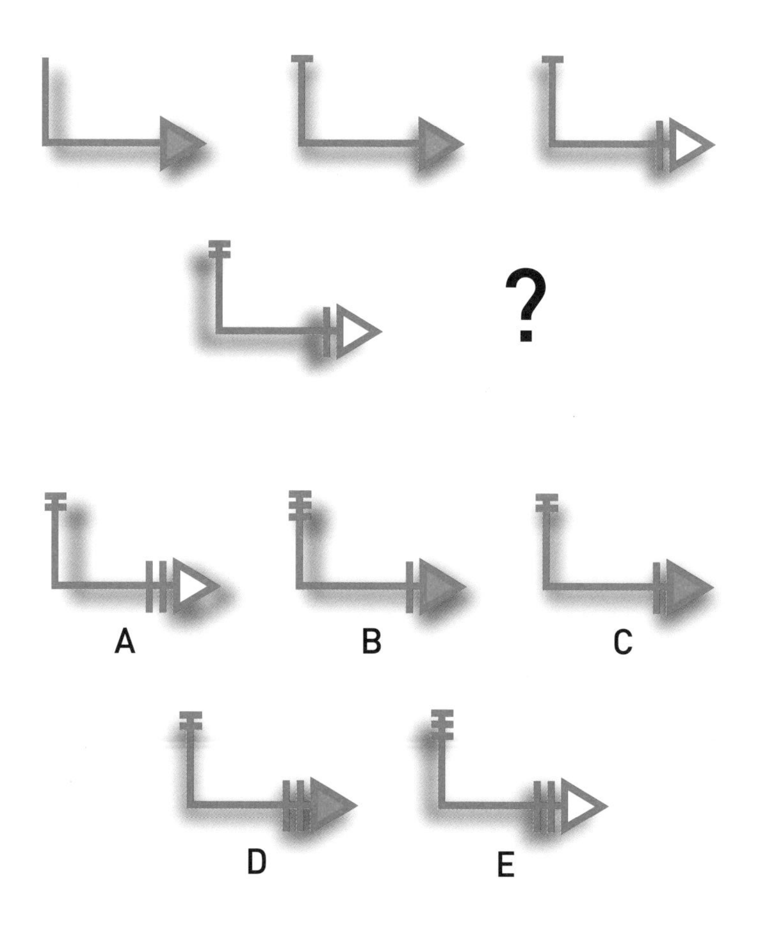

답:173쪽

014

도형 속 수식이 성립하도록 물음표 자리에 알맞은 숫자를 넣어야 한다. 수식은 맨 왼쪽 위의 4부터 시계 방향으로 진행되며 기존의 사칙연산 계산 순서는 고려하지 않는다. 어떤 숫자를 넣어야 할까?

4	x	3	+	8
=				÷
5				2
-				+
?	x	7	÷	11

답: 173쪽

015

시계는 차례대로 일정한 규칙에 따라 움직인다. 4번 시계는 몇 시 몇 분을 가리켜야 할까?

 답:173쪽

아래 도형과 결합했을 때 완벽한 삼각형을 이루는 것은 보기 A~E 중 어느 것일까?

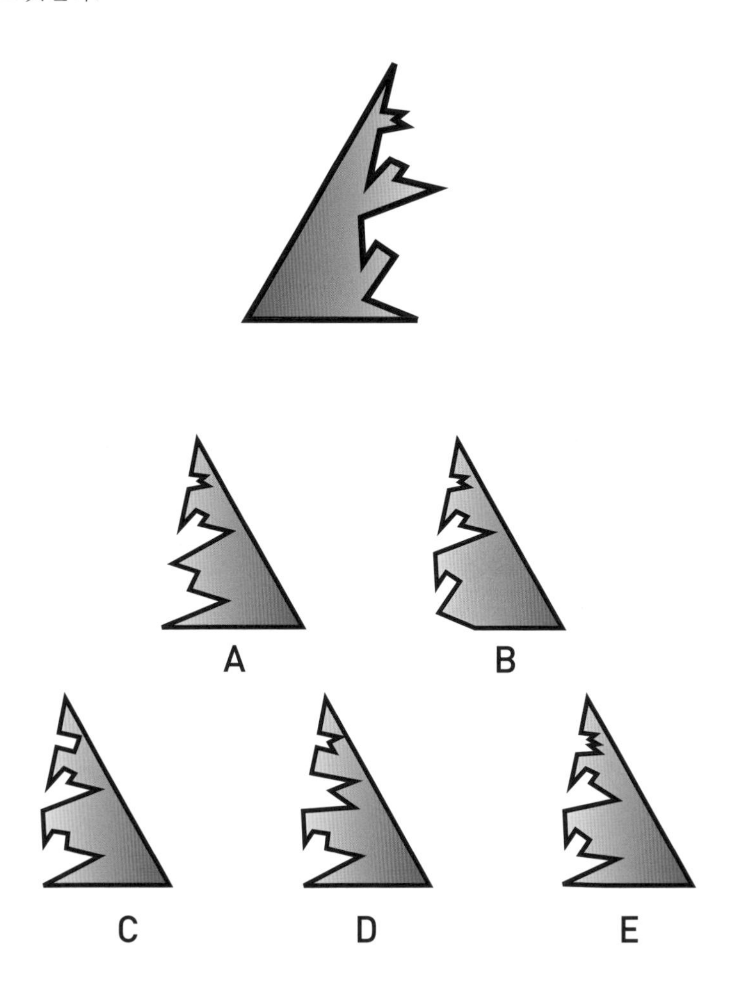

답:173쪽

다섯 개의 도형 중 어느 하나만 나머지와 다르다. 그 도형은 보기 A~E 중 어느 것일까?

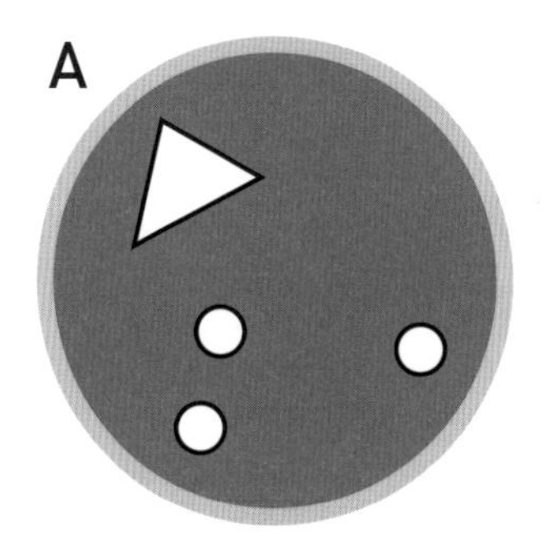

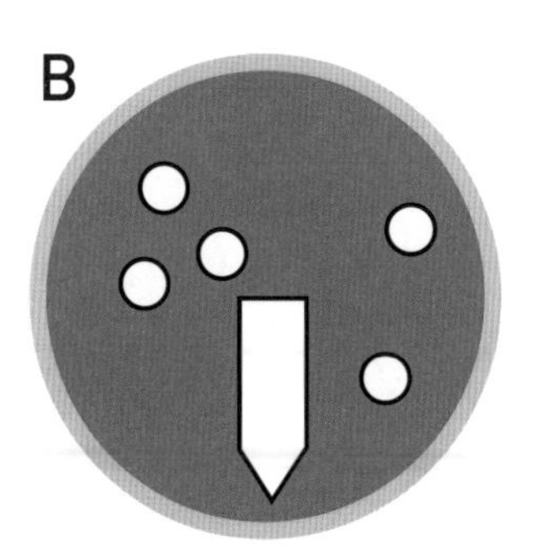

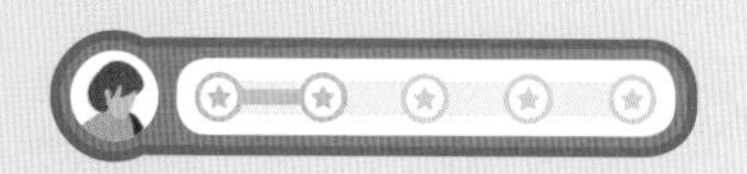

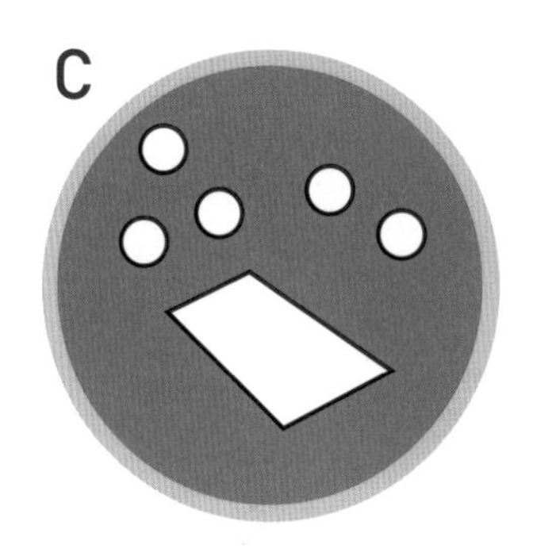

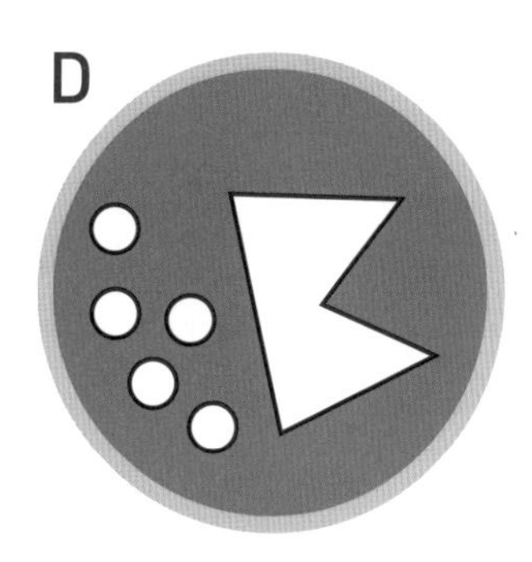

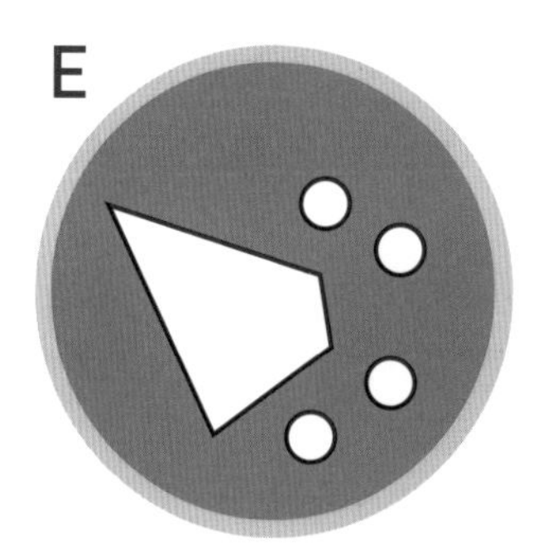

답: 173쪽

018

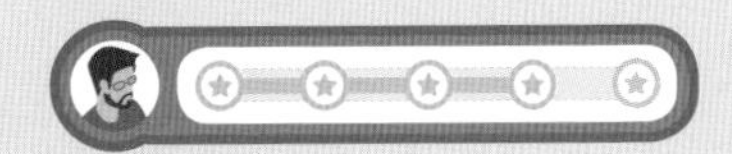

원 바깥쪽에 있는 색은 1~9 사이의 숫자 중 하나를 나타낸다. 원 안쪽에 있는 숫자와의 관계를 찾아보자. 물음표 자리에 들어갈 숫자는 무엇일까?

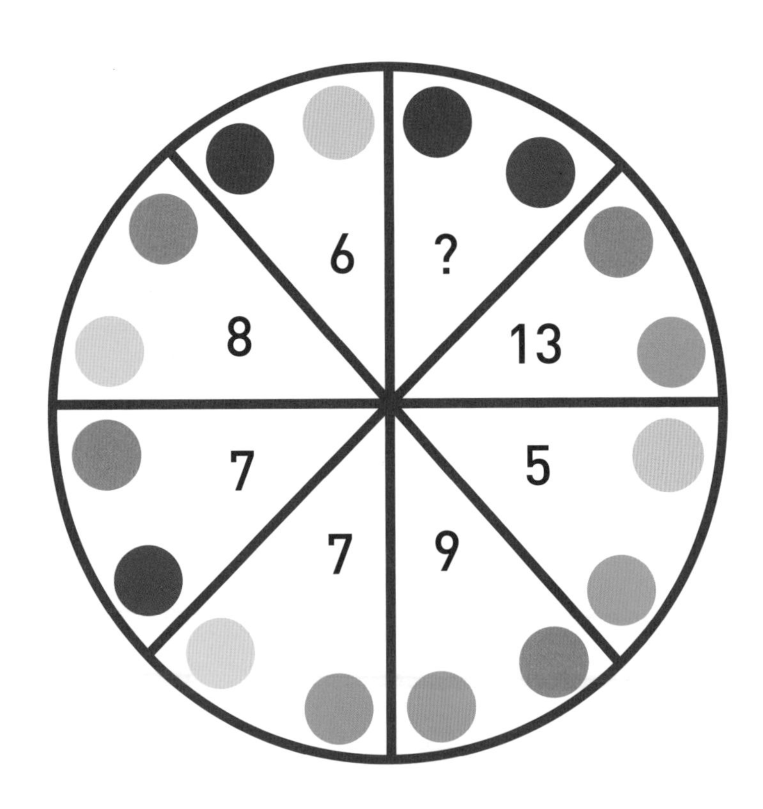

숫자들이 일정한 규칙에 따라 배치되어 있다. 물음표 자리에 들어갈 숫자는 무엇일까?

5	3	8	7
12	15	49	56
3	9	4	12
18	27	36	?

답: 173쪽

020

정육면체의 면 A~O 중에서 같은 숫자가 들어간 짝을 찾아야 한다. 무엇과 무엇일까?

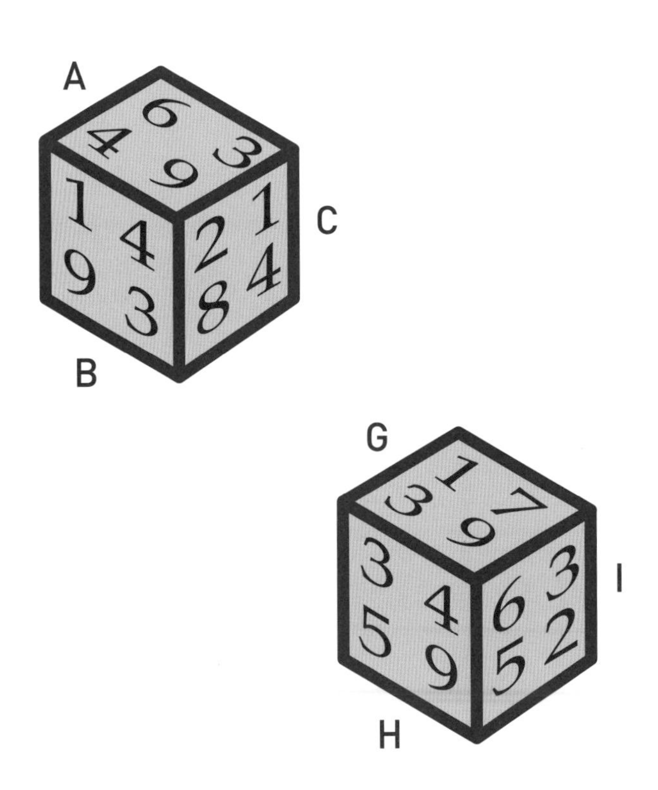

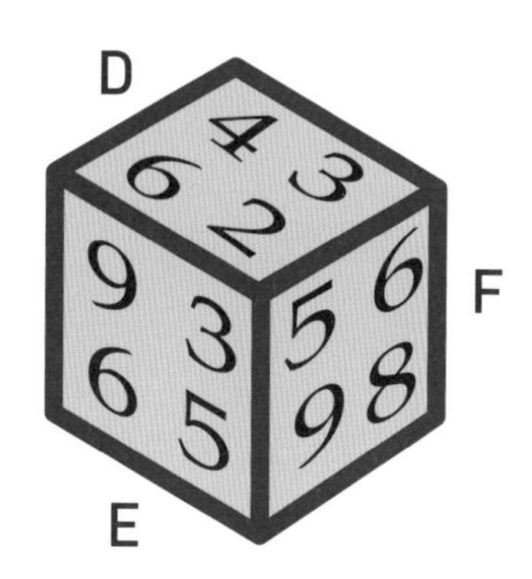
D
4
6 3
2
9 6
3 5
6 8
5 9
F
E

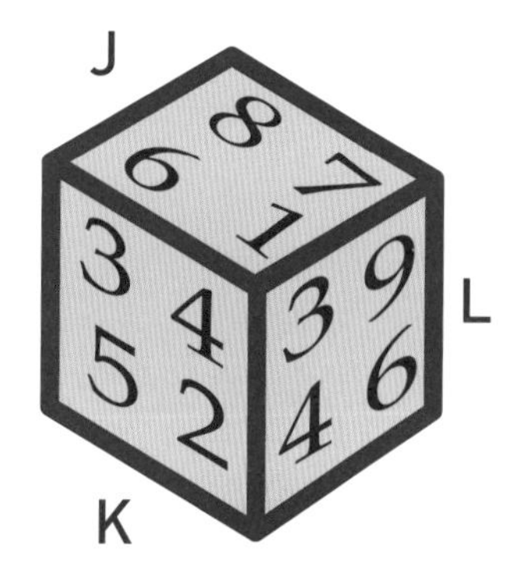
J
8
6 7
1
3 9
4 3
5 6
2 4
L
K

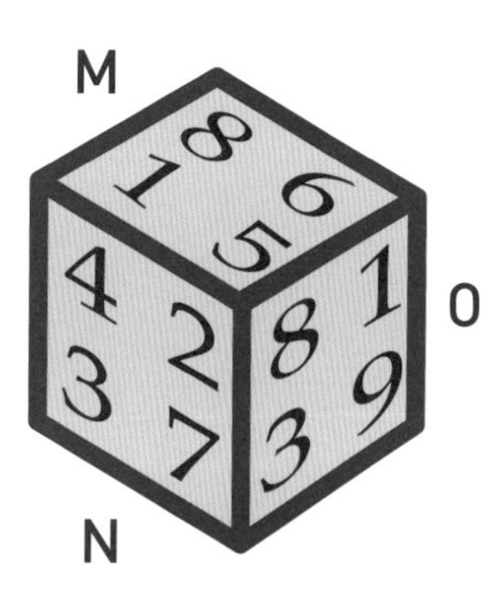
M
8
1 6
5
4 1
2 8
3 9
7 3
O
N

사이클 선수 다섯 명이 경주에 참가했다. 각 선수들의 번호와 완주 시간 사이에는 일정한 규칙이 있다. 마지막 사이클 선수의 번호는 무엇일까?

No. 9

1시간 35분

No. 10

1시간 43분

No. 11

1시간 52분

No. 14

2시간 27분

No. ?

2시간 33분

 답:173쪽

바깥쪽 원에는 수식이, 안쪽 원에는 답이 있다. 물음표 자리에 사칙연산 부호를 넣어 수식을 완성해야 한다. 계산 순서는 12시 방향에 있는 숫자 5부터 시계 방향으로 진행되며, 기존의 사칙연산 계산 순서는 고려하지 않는다. 수식을 어떻게 완성해야 할까?

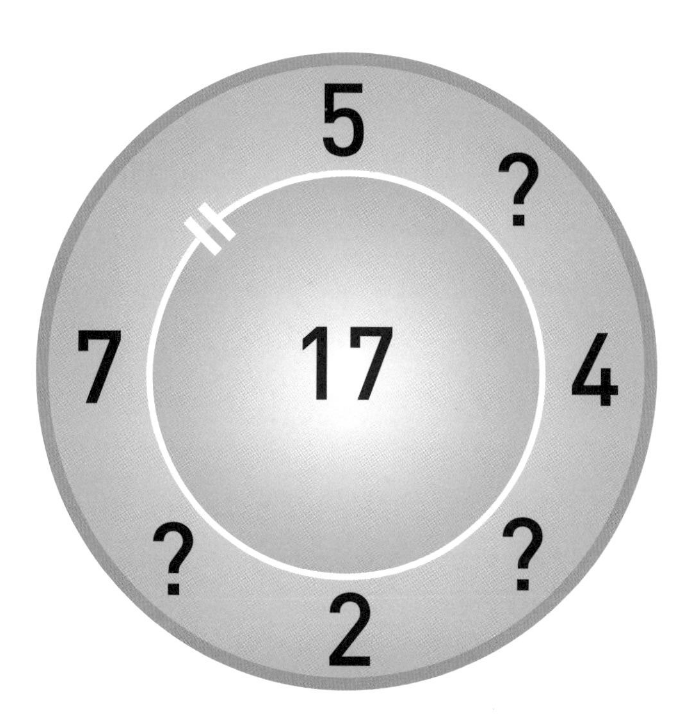

답:174쪽

여덟 개의 공 중 어느 하나만 나머지와 다르다. 그 공은 무엇일까?

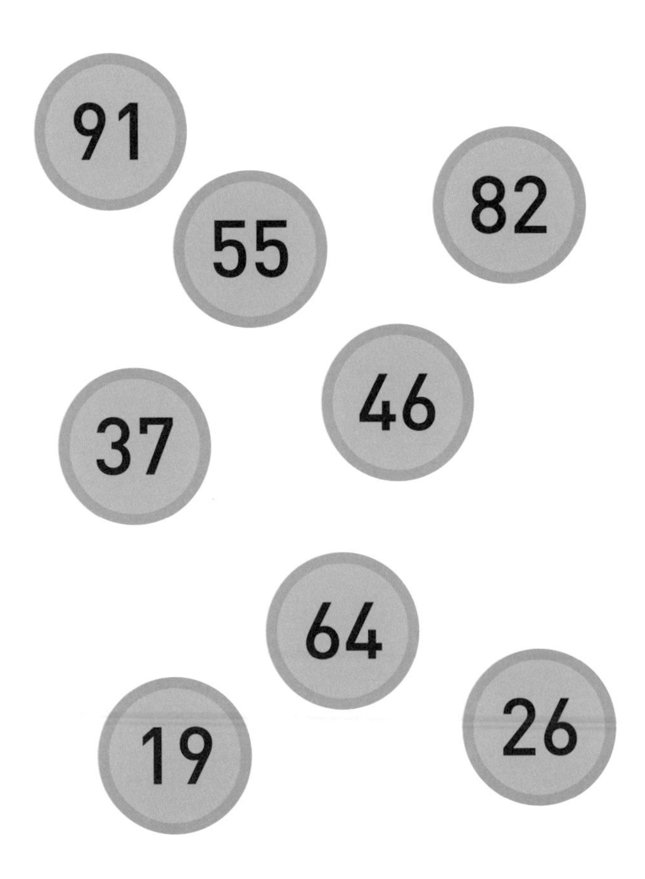

 답:174쪽

숫자들이 일정한 규칙에 따라 배치되어 있다. 물음표 자리에 들어갈 숫자는 무엇일까?

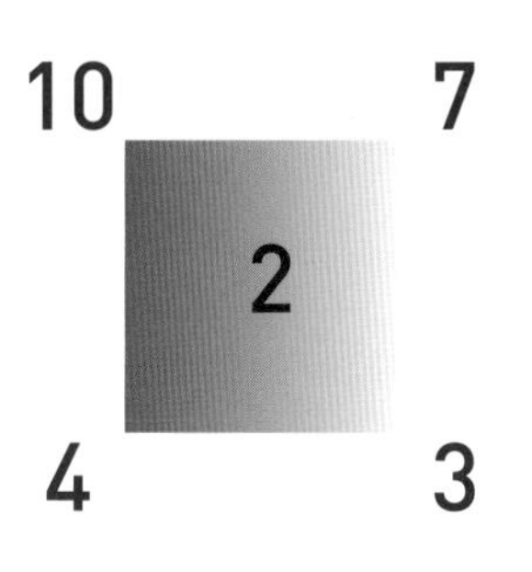

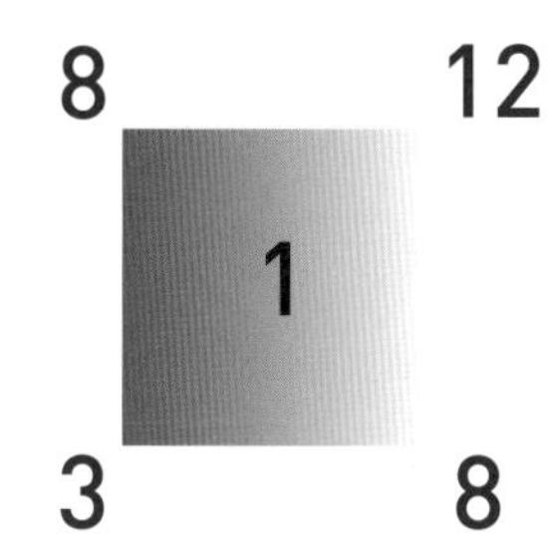

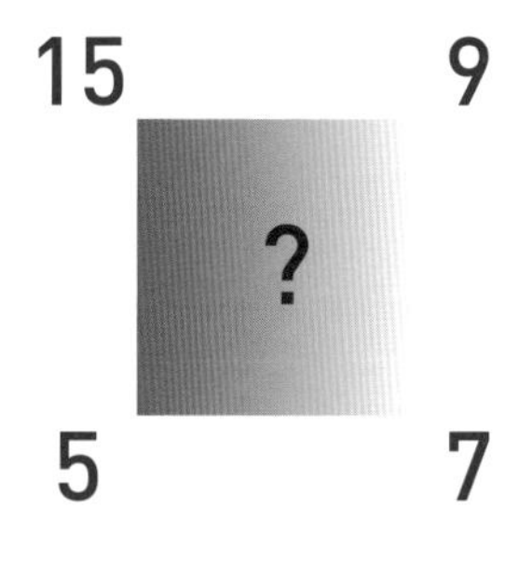

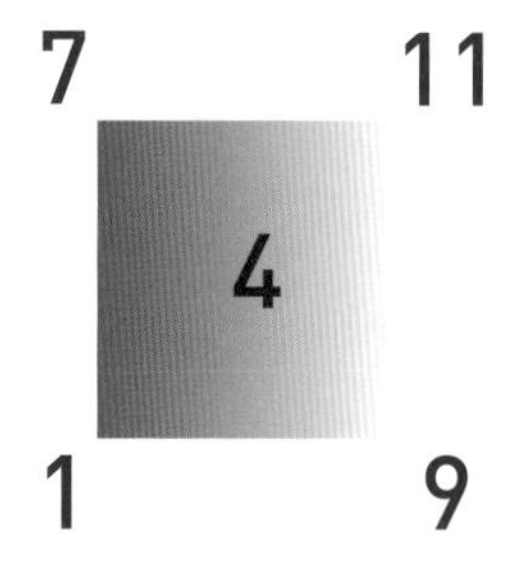

답:174쪽

025

도형의 관계를 파악해보자. 빈칸에 들어갈 도형은 보기 A~D 중 어느 것일까?

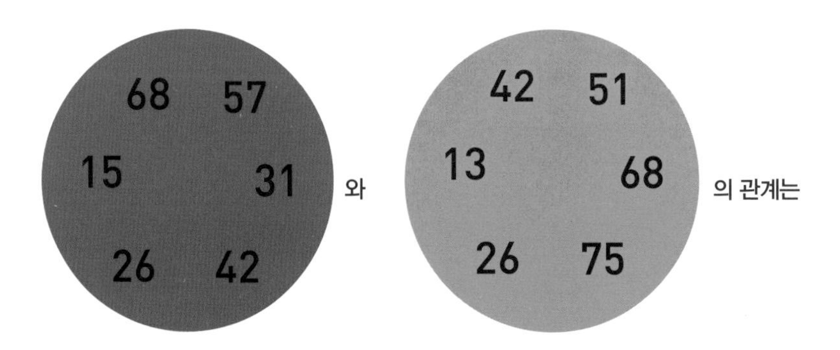

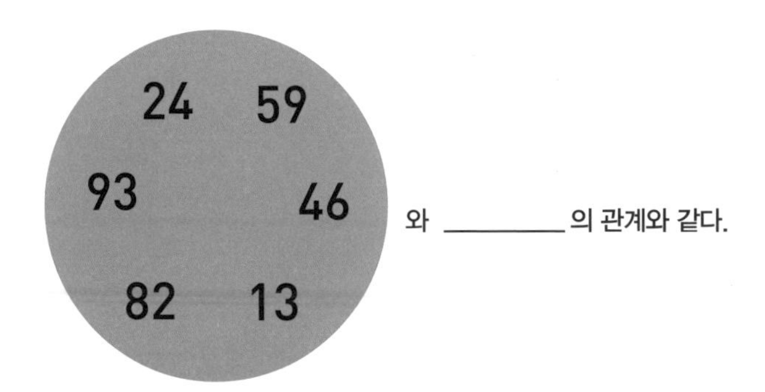

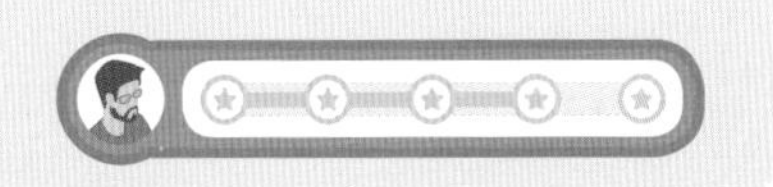

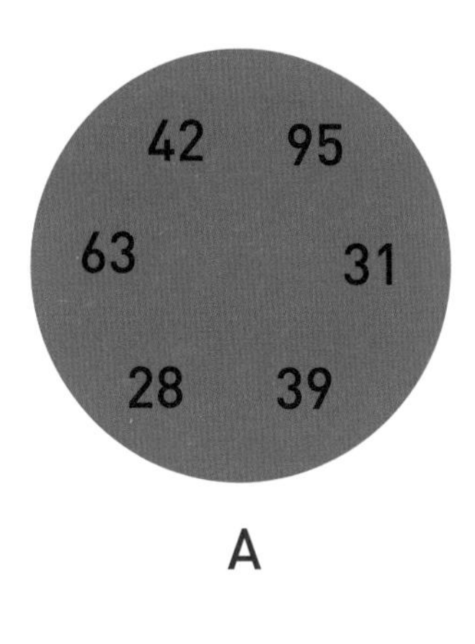

A

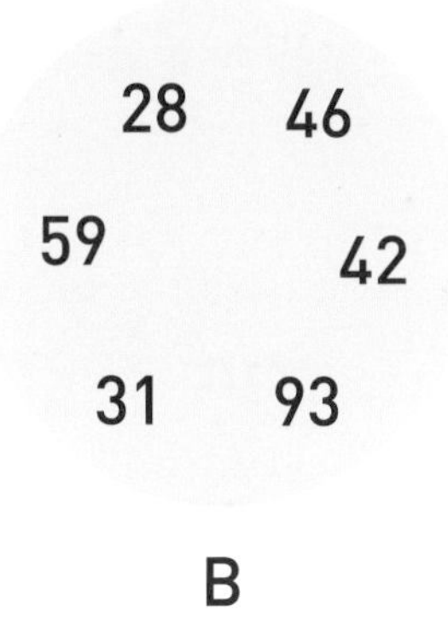

B

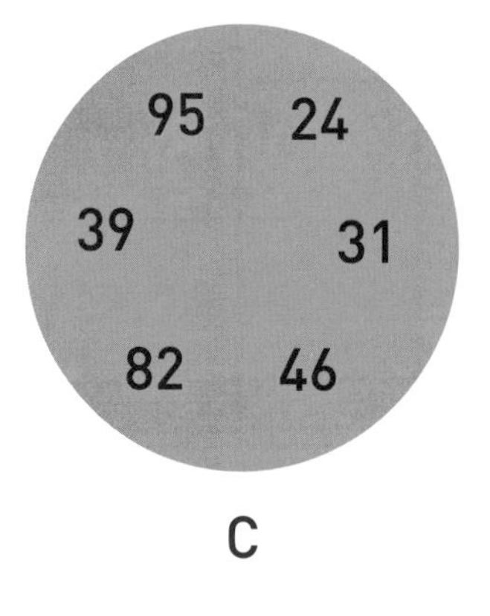

C

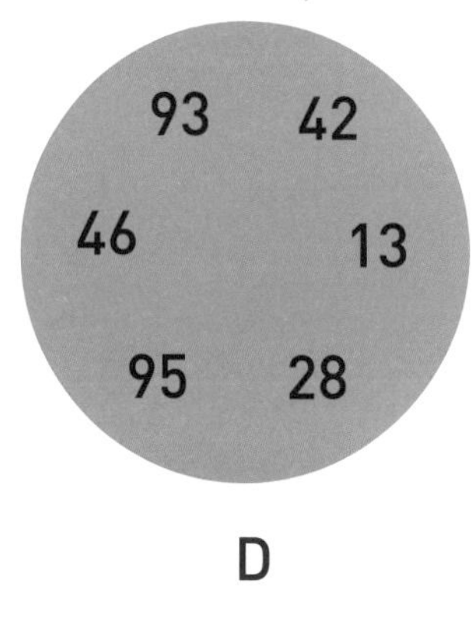

D

답:174쪽

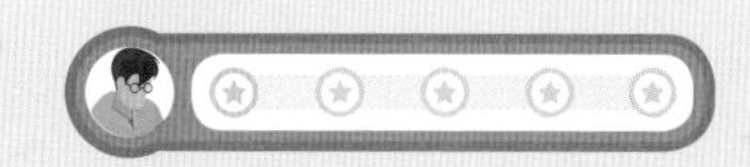

그림 안의 각 기호는 숫자를 나타내며, 그림 밖의 숫자들은 그 줄에 있는 기호를 더한 값이다. 물음표 자리에 들어갈 숫자는 무엇일까?

35	47	38	24	
ǂ	*	*	*	?
✓	ǂ	ǂ	✓	40
✓	O	✓	✓	21
O	O	O	O	48

답 : 174쪽

각 보기 안에 있는 도형과 숫자 사이에는 일정한 규칙이 있다. 그 규칙은 무엇이고, 보기 A~D 중 규칙에 맞지 않는 하나는 무엇일까?

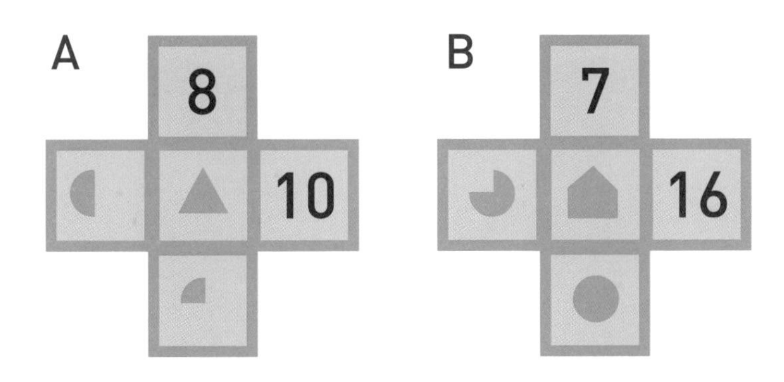

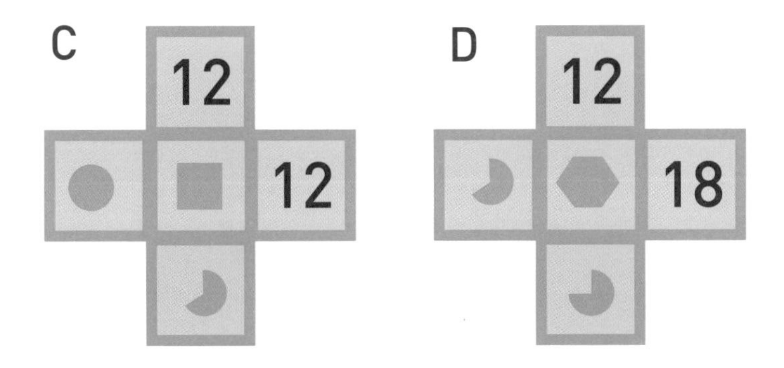

답:174쪽

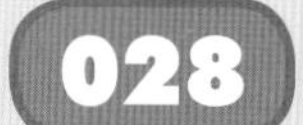

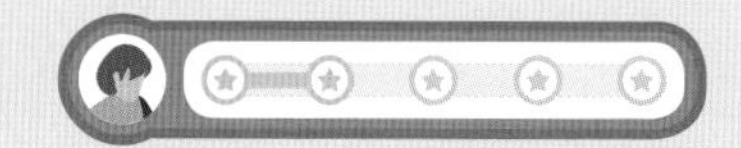

숫자들이 일정한 규칙에 따라 배치되어 있다. 물음표 자리에 들어갈 숫자는 무엇일까?

A

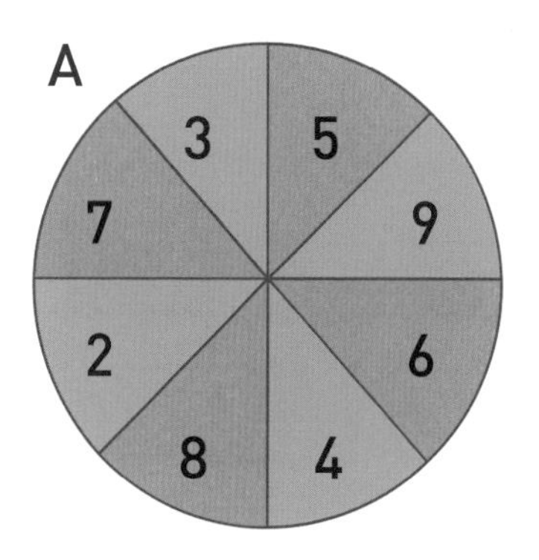

B

9
25
81
36
16
64
4
49

C

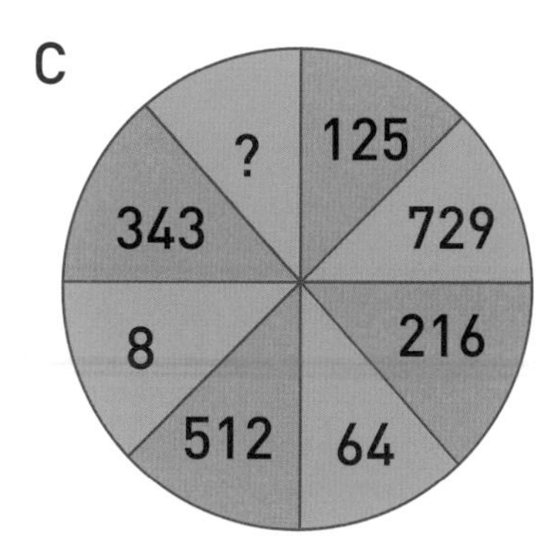

답:174쪽

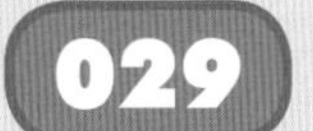

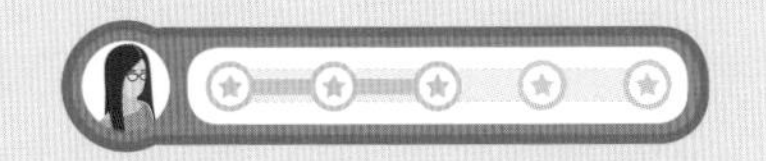

마지막 저울의 균형을 맞추려면 물음표 자리에 어떤 그림들이 몇 개씩 들어가야 할까?

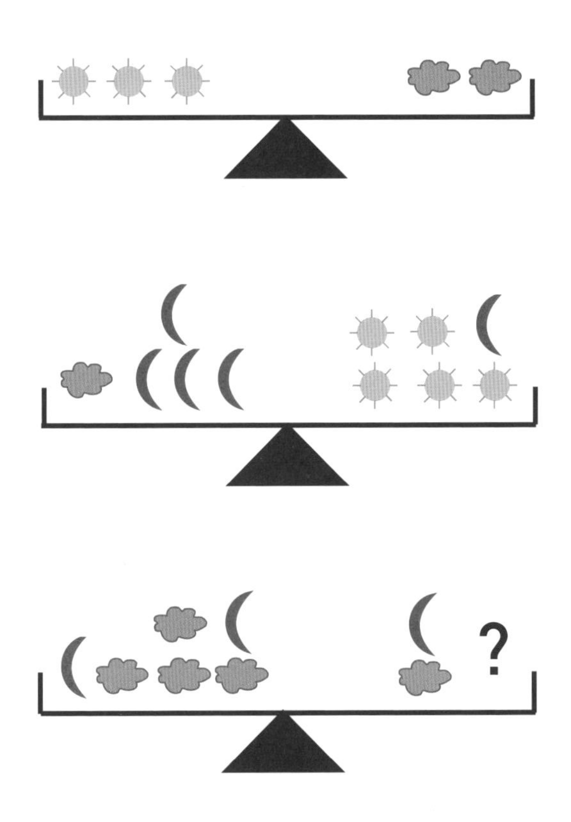

답:174쪽

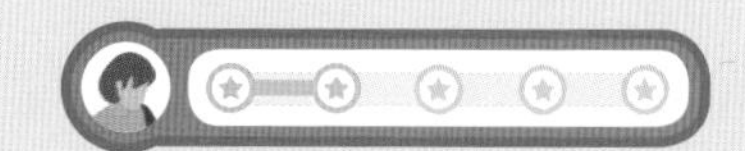

아래 시계는 차례대로 일정한 규칙에 따라 움직인다. 물음표 자리에 들어갈 시계는 보기 A~D 중 어느 것일까?

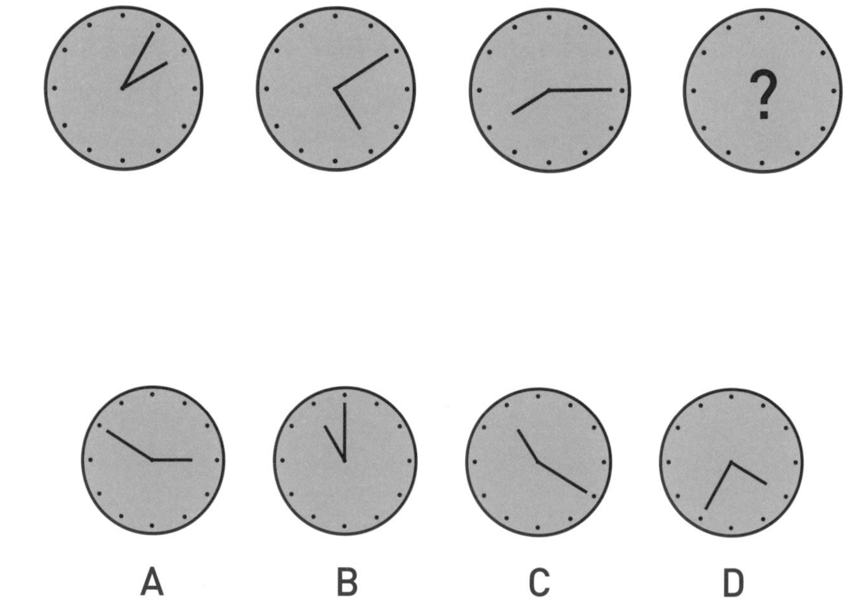

 답:175쪽

031

아래 도형과 결합했을 때 완벽한 오각형을 이루는 것은 보기 A~E 중 어느 것일까?

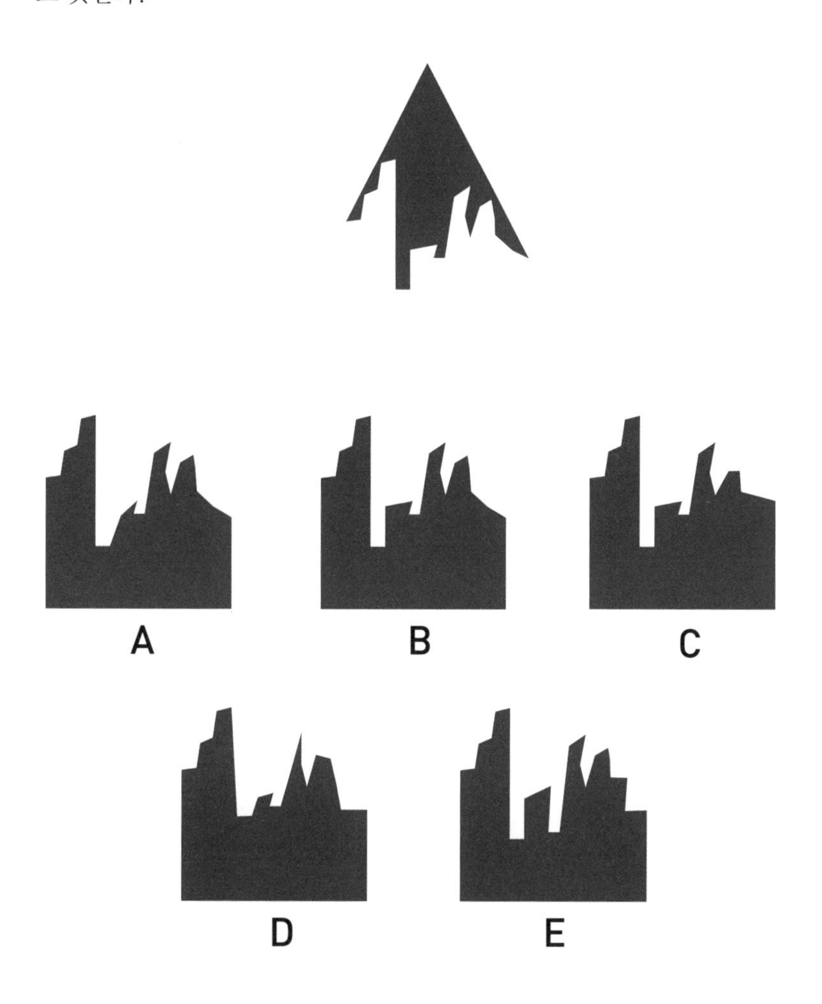

답:175쪽

다섯 개의 도형 중 어느 하나만 나머지와 다르다. 그 도형은 보기 A~E 중 어느 것일까?

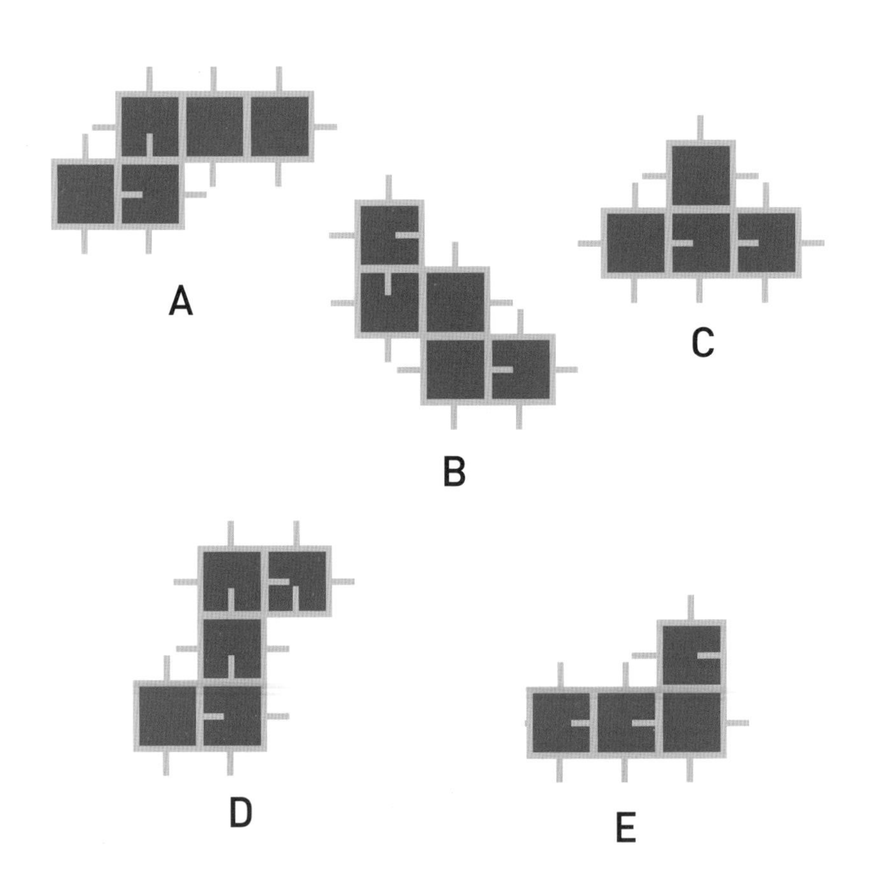

말 다섯 마리가 경마에 참가했다. 각 말의 번호와 무게에는 일정한 규칙이 있다. 마지막 말의 번호는 무엇일까?

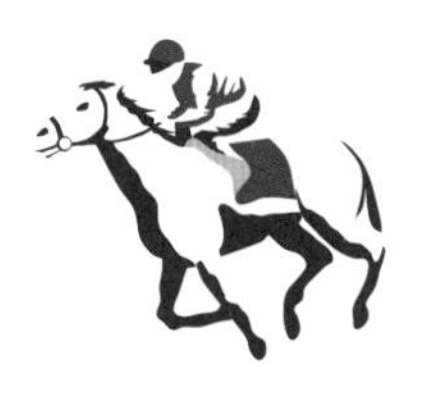

No. 4 15kg

No. 7 18kg

No. 3 14kg

No. 8 19kg

No. ? 24kg

답:175쪽

034

아래 도형은 일정한 규칙에 따라 나열되어 있다. 물음표 자리에 들어갈 도형은 보기 A~E 중 어느 것일까?

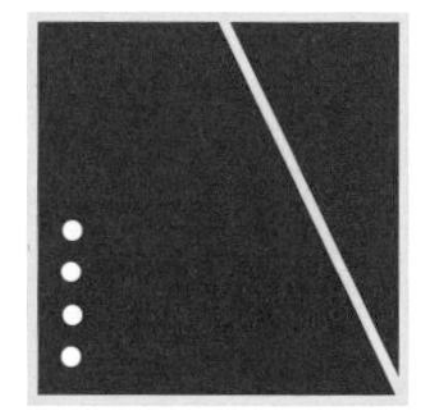

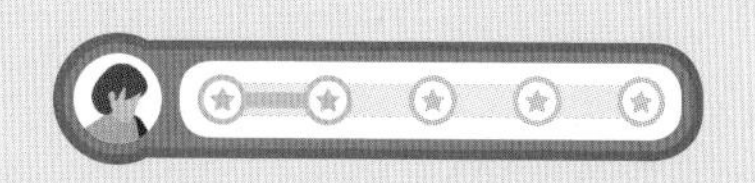

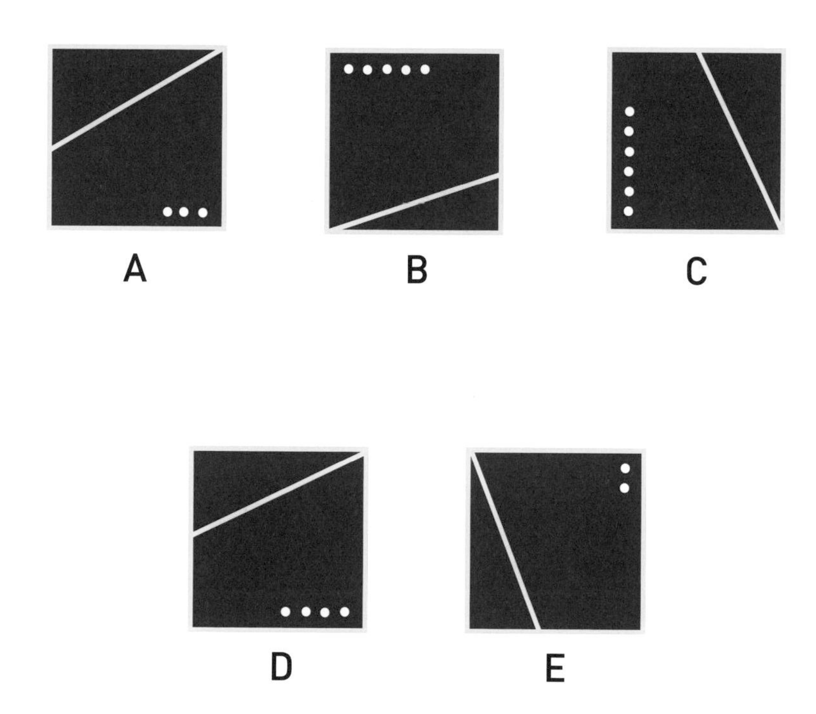

답: 175쪽

두 원에 쓰인 숫자가 서로 같은 값이 되도록 물음표 자리에 × 또는 ÷를 넣어야 한다. ×와 ÷는 중복해서 사용해도 상관없다. 연산 부호를 어떻게 넣어야 할까?

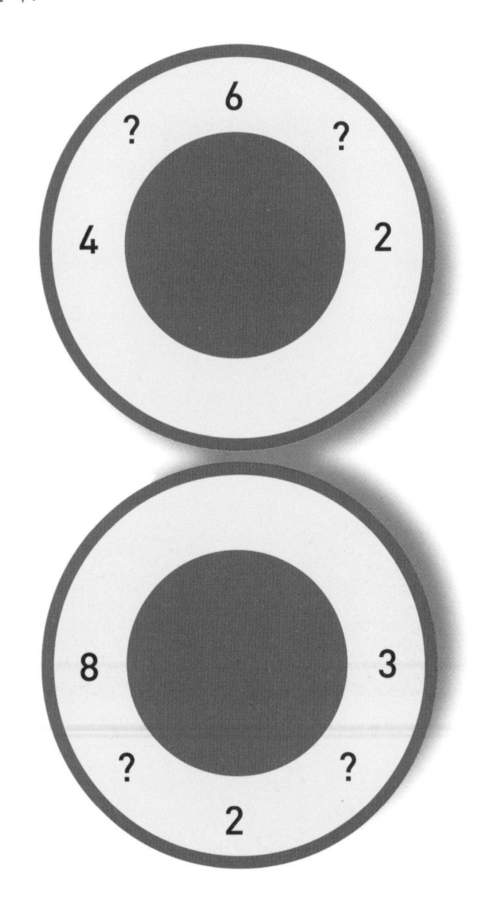

각 칸에 적힌 숫자들 사이에는 일정한 규칙이 있다. 물음표 자리에 들어갈 숫자는 무엇일까?

1536	48	96	3
384	192	24	12
768	96	48	6
192	?	12	24

답:175쪽

여섯 개의 기호 중 어느 하나만 나머지와 다르다. 그 기호는 보기 A~F 중 어느 것일까?

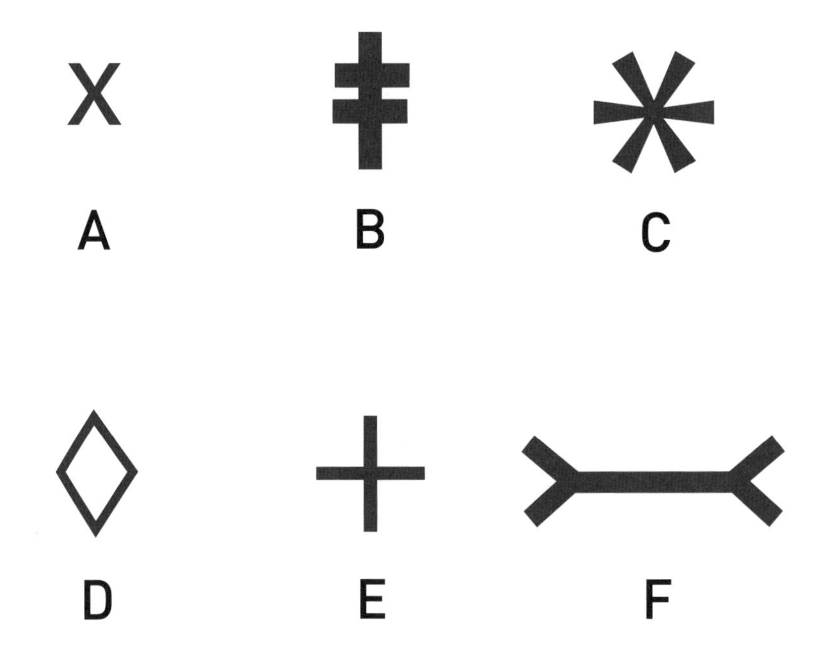

 답: 175쪽

각 칸에 있는 색은 1~9 사이의 숫자 중 하나를 나타낸다. 노란색, 파란색, 초록색은 순서대로 연속된 수이며 모든 칸을 합한 값은 50이다. 각 색이 나타내는 수는 무엇일까?

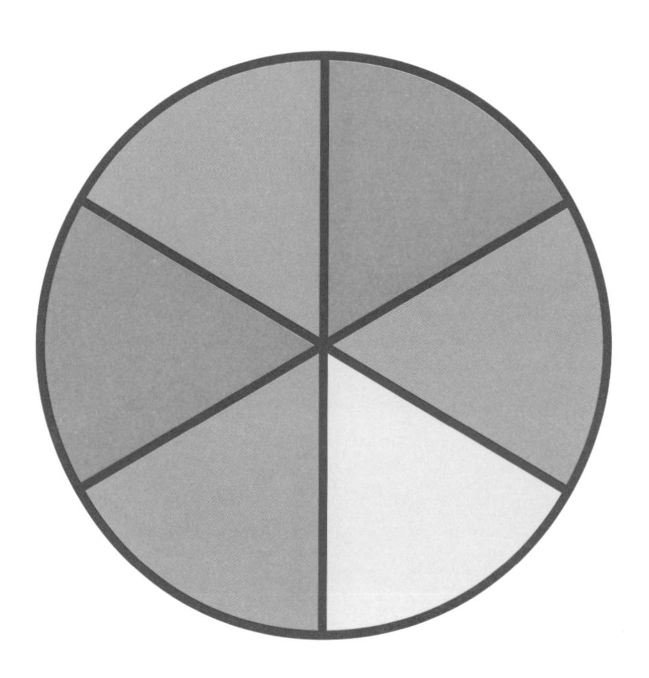

답: 175쪽

039

정육면체의 면 A~O 중에서 같은 기호가 그려진 면을 세 개 찾아야 한다. 그 세 면은 무엇일까?

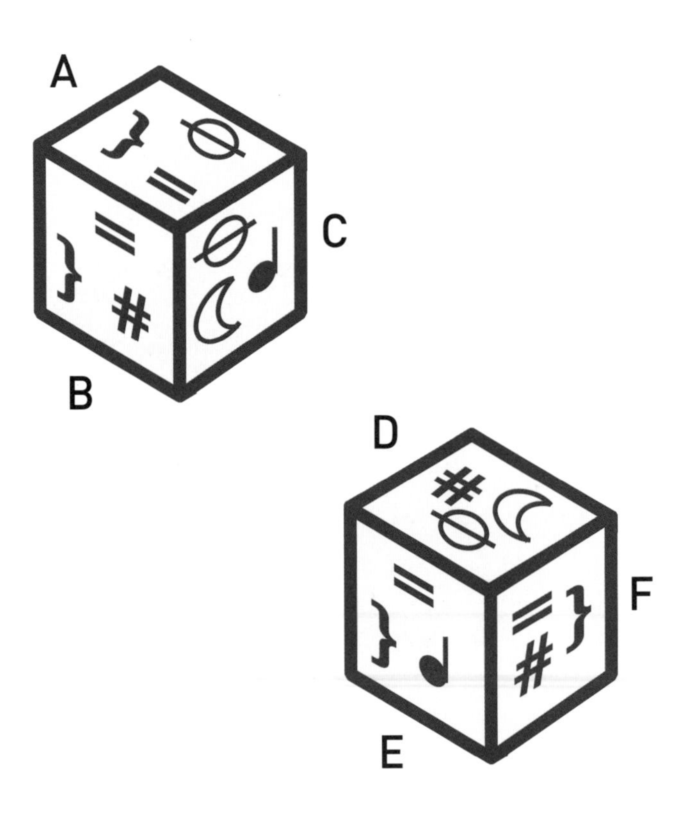

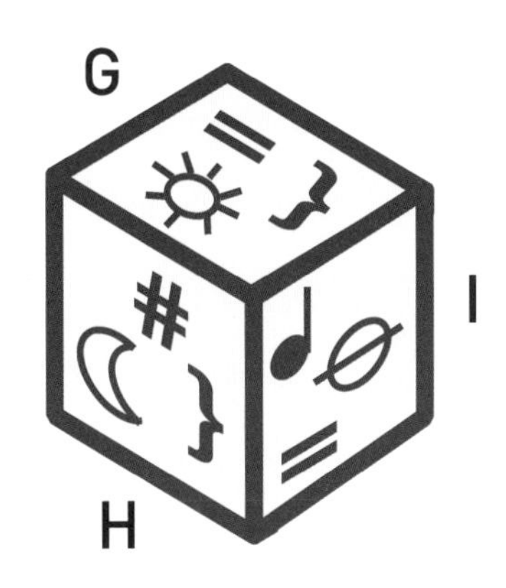
G
I
H

J
L
K

M
O
N

아래 도형에서 성냥개비 네 개를 없애 같은 크기의 사각형 여덟 개를 만들어야 한다. 성냥개비는 없애는 것만 가능하며, 추가하거나 자리를 바꿀 수는 없다. 어떻게 해야 할까?

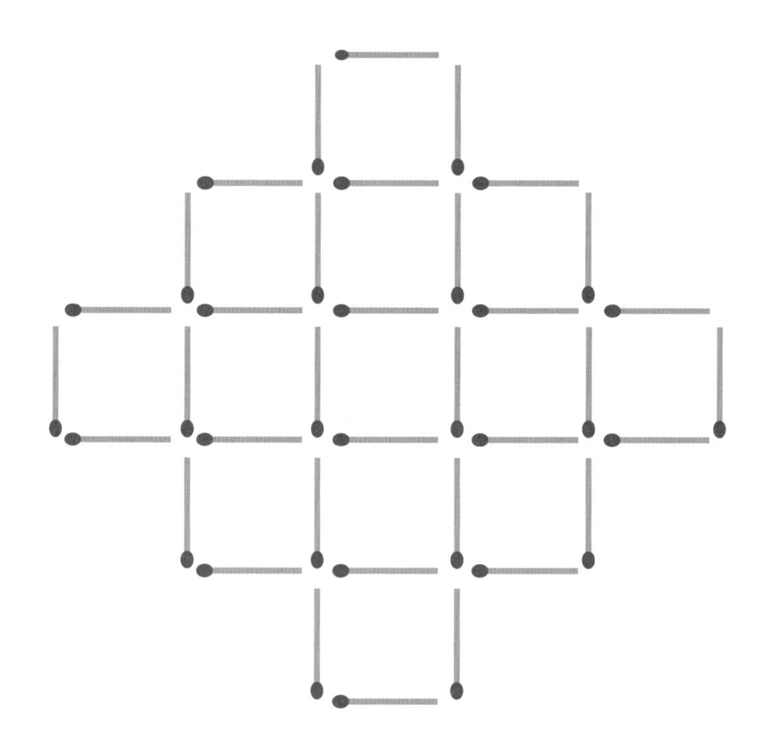

 답:176쪽

숫자들이 일정한 규칙에 따라 배치되어 있다. 물음표 자리에 들어갈 숫자는 무엇일까?

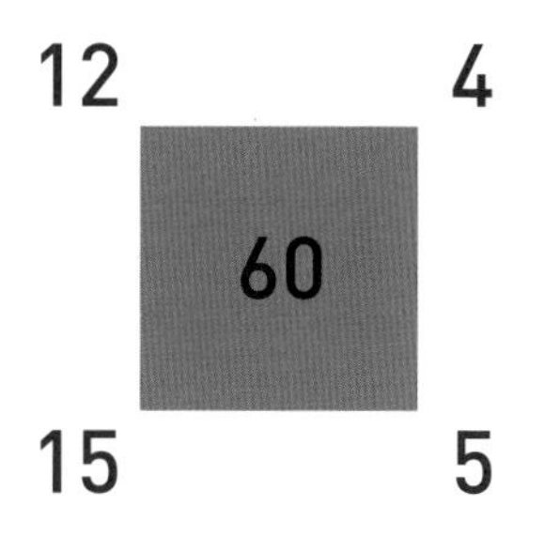

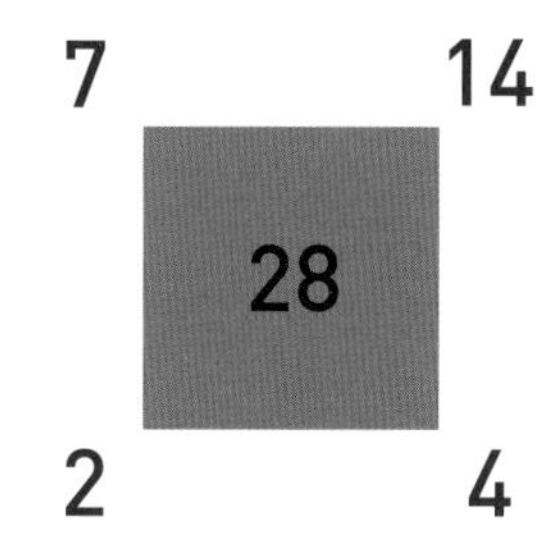

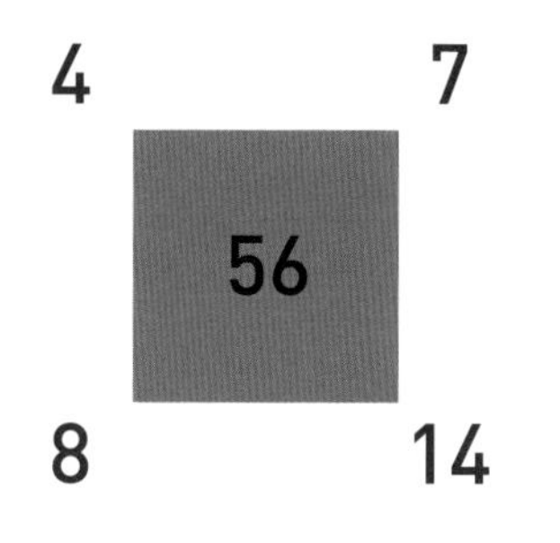

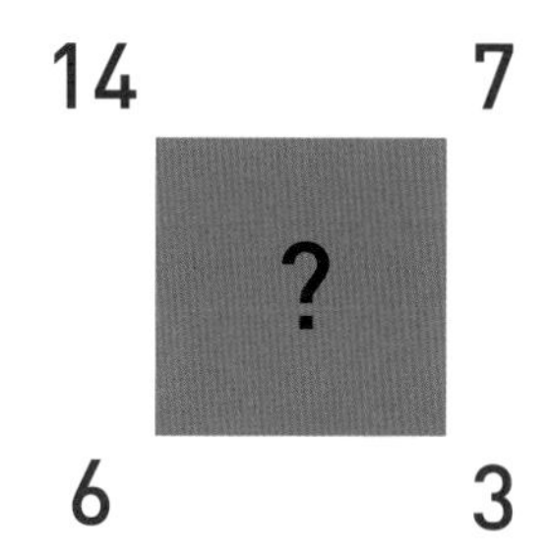

답:176쪽

다섯 개의 도형 중 어느 하나만 나머지와 다르다. 그 도형은 보기 A~E 중 어느 것일까?

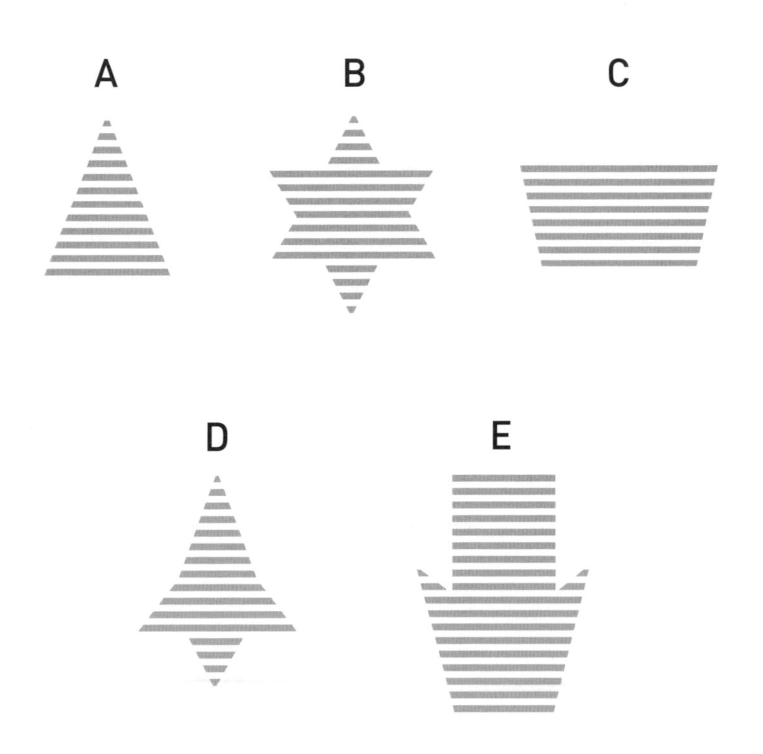

 답:176쪽

마지막 저울의 균형을 맞추려면 물음표 자리에 어떤 그림이 몇 개 들어가야 할까?

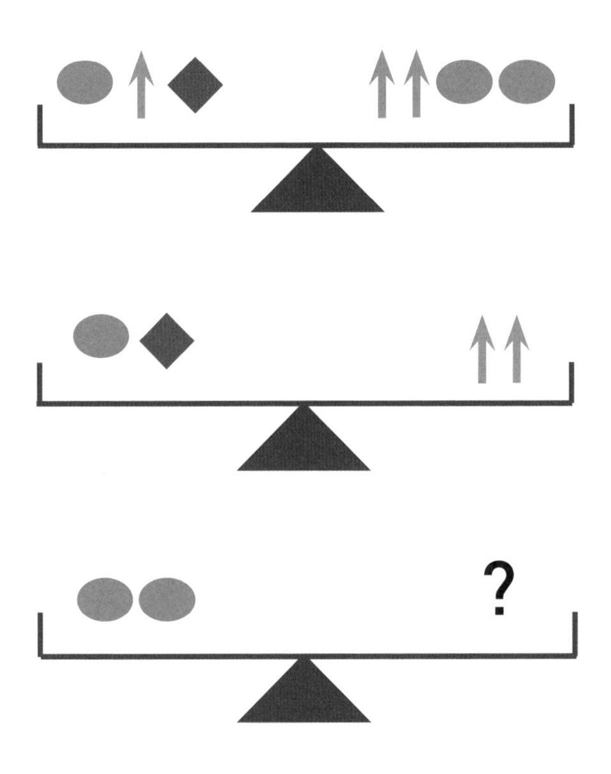

답:176쪽

044

도형의 관계를 파악해보자. 빈칸에 들어갈 도형은 보기 A~D 중 어느 것일까?

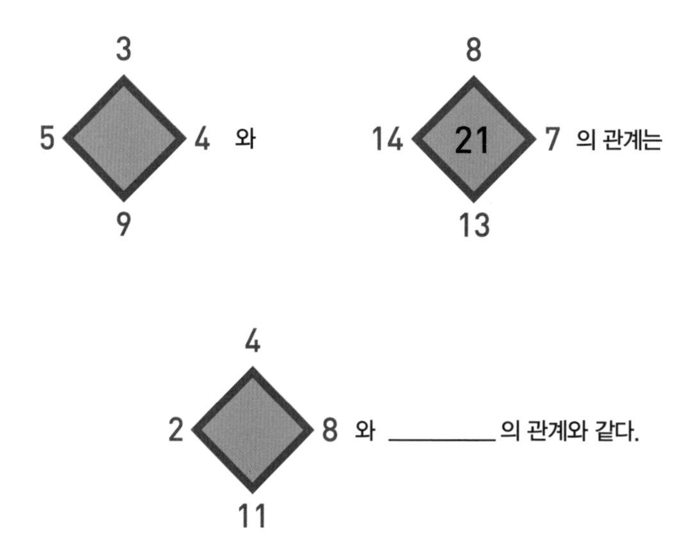

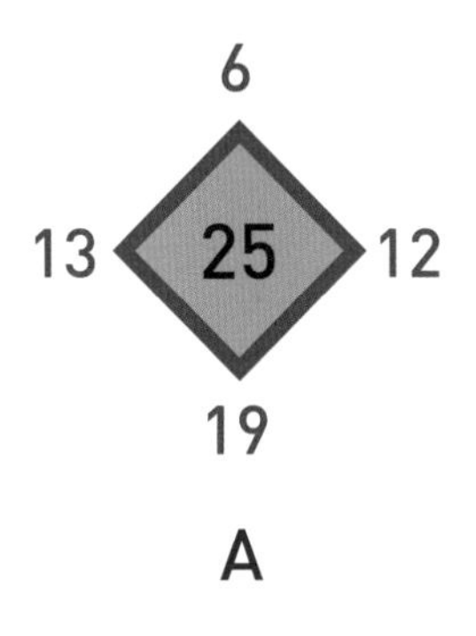

A

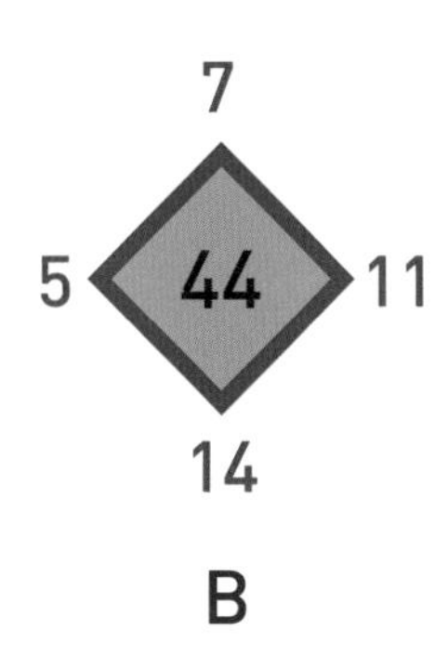

B

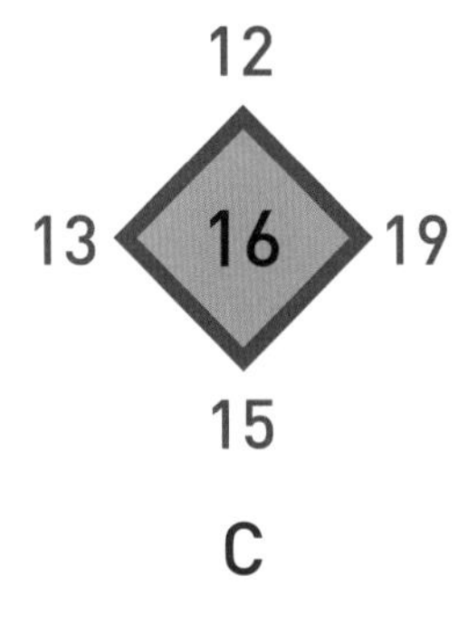

C

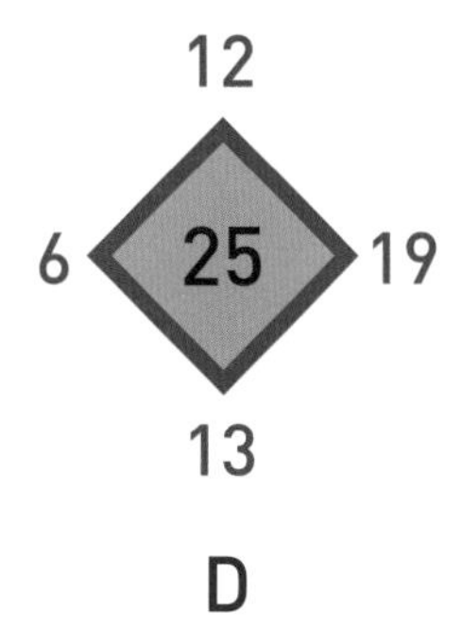

D

답:176쪽

다섯 명의 선수가 자전거 경주에 참가했다. 각 자전거의 번호와 도착 시간 사이에는 일정한 규칙이 있다. 2시 30분에 도착한 자전거의 번호는 무엇일까?

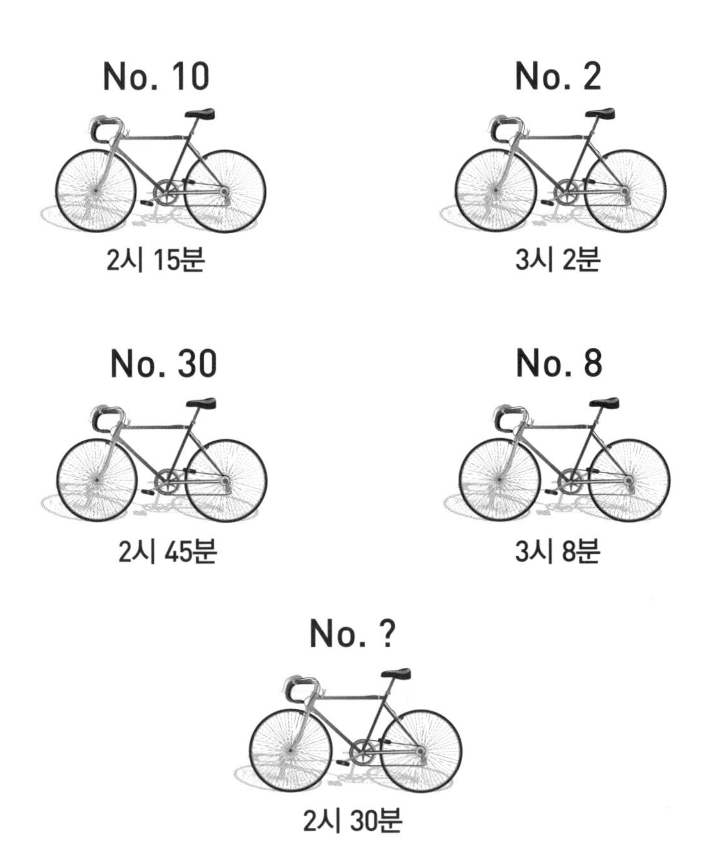

 답:176쪽

아래 도형은 일정한 규칙에 따라 나열되어 있다. 물음표 자리에 들어갈 도형은 보기 A~E 중 어느 것일까?

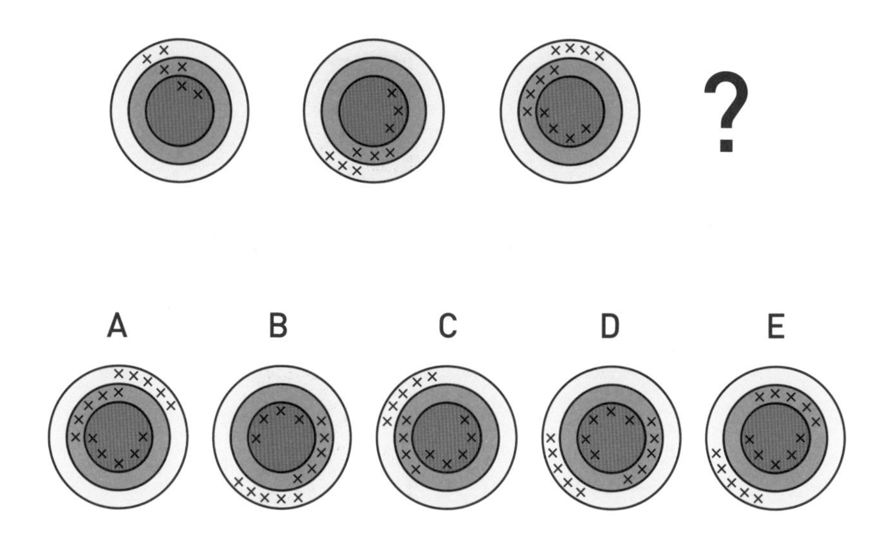

답: 176쪽

아래 전개도로 만들 수 있는 정육면체는 보기 A~E 중 어느 것일까?

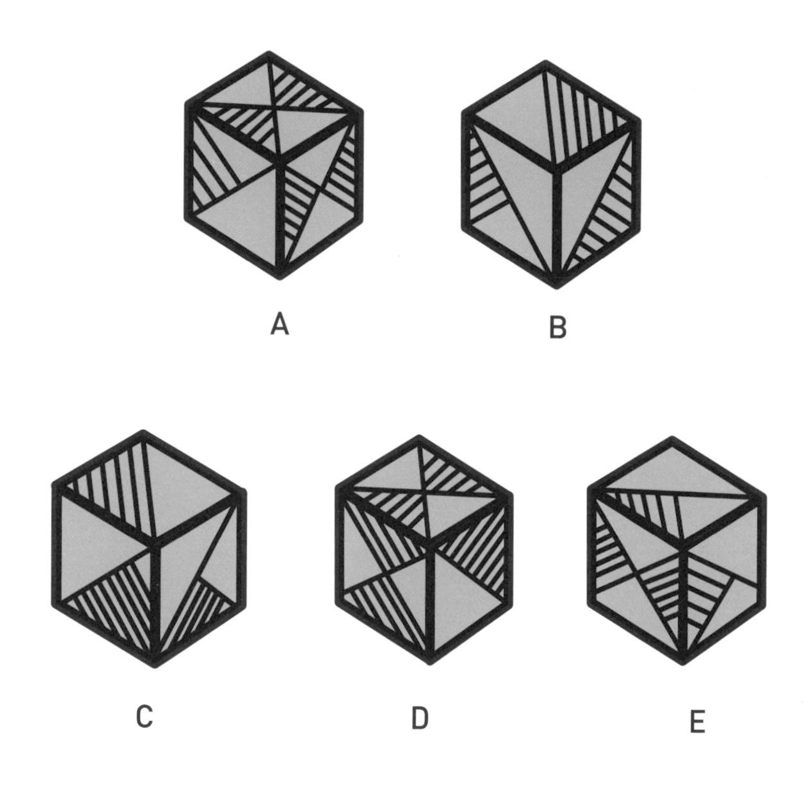
A
B
C
D
E

048

숫자들이 일정한 규칙에 따라 배치되어 있다. 물음표 자리에 들어갈 숫자는 무엇일까?

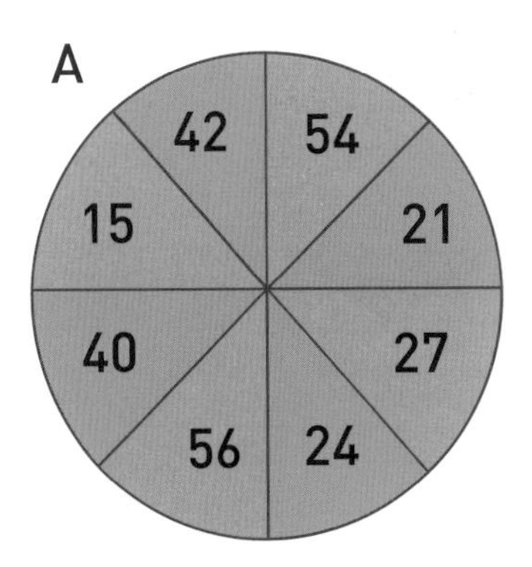

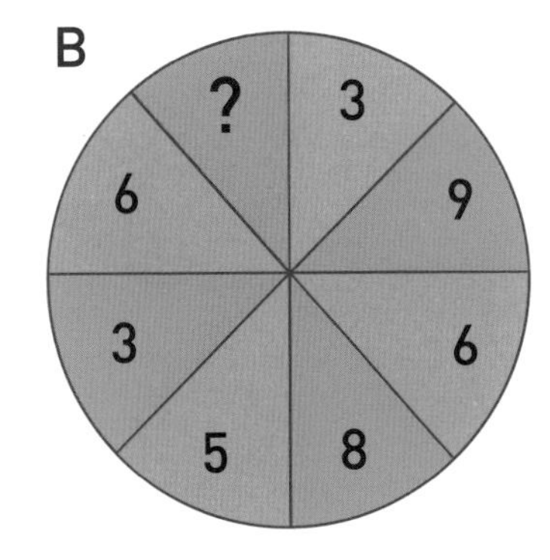

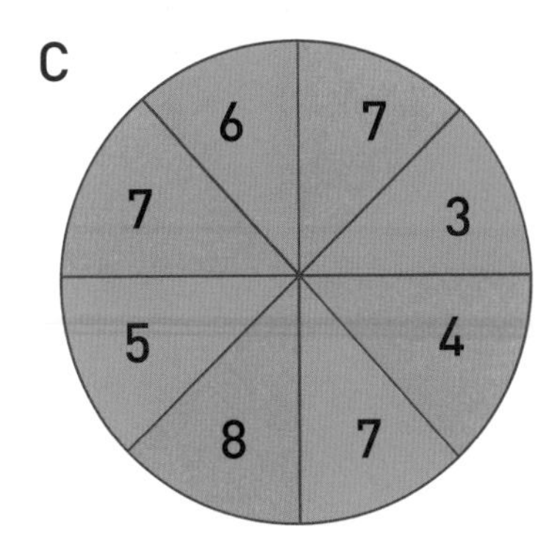

 답:177쪽

다섯 개의 도형 중 어느 하나만 나머지와 다르다. 그 도형은 보기 A~E 중 어느 것일까?

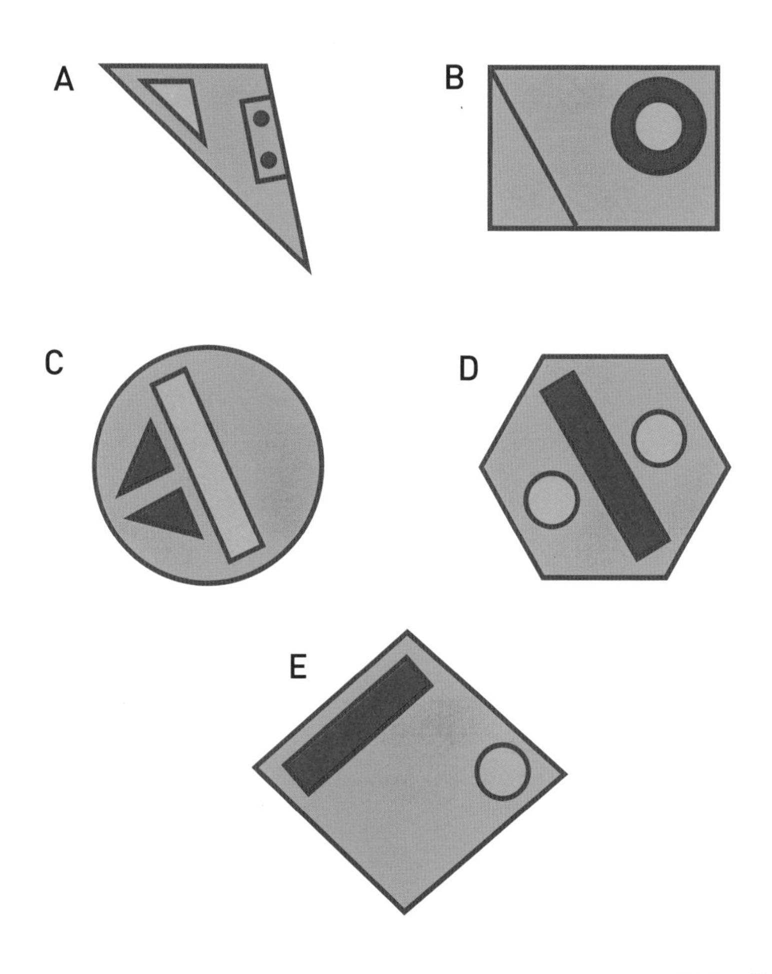

답:177쪽

아래 시계는 차례대로 일정한 규칙에 따라 움직인다. 물음표 자리에 들어갈 시계는 보기 A~D 중 어느 것일까?

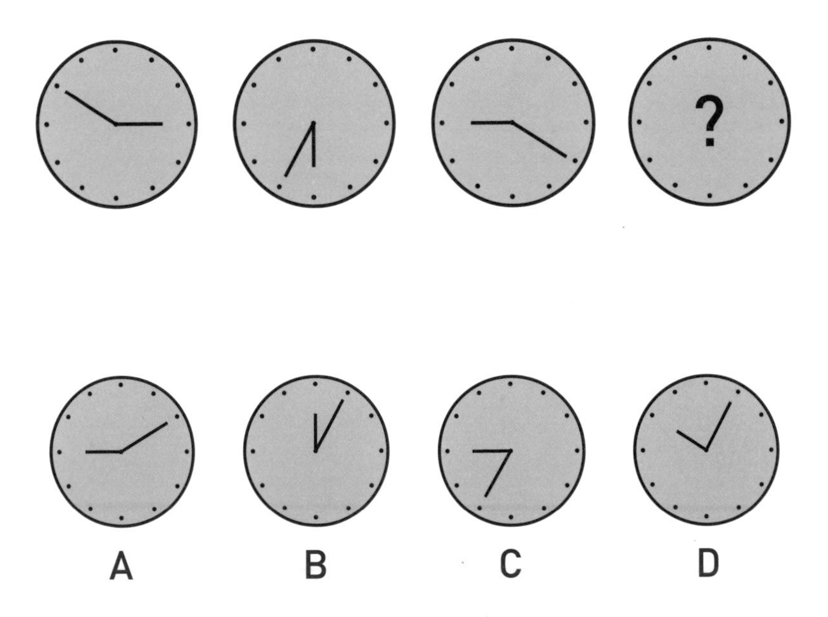

답: 177쪽

051

아래 조각들 중에서 하나를 빼고 모두 결합하면 정사각형이 만들어진다. 필요 없는 하나는 보기 A~G 중 어느 것일까?

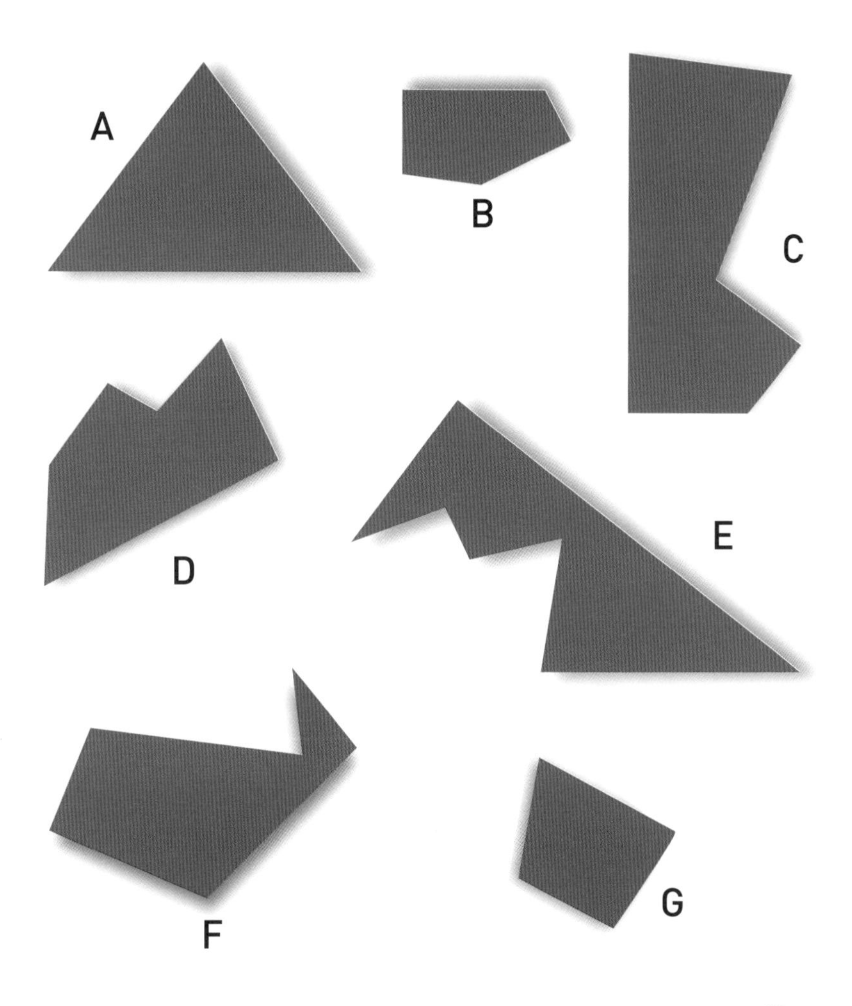

052

숫자들이 일정한 규칙에 따라 배치되어 있다. 물음표 자리에 들어갈 숫자는 무엇일까?

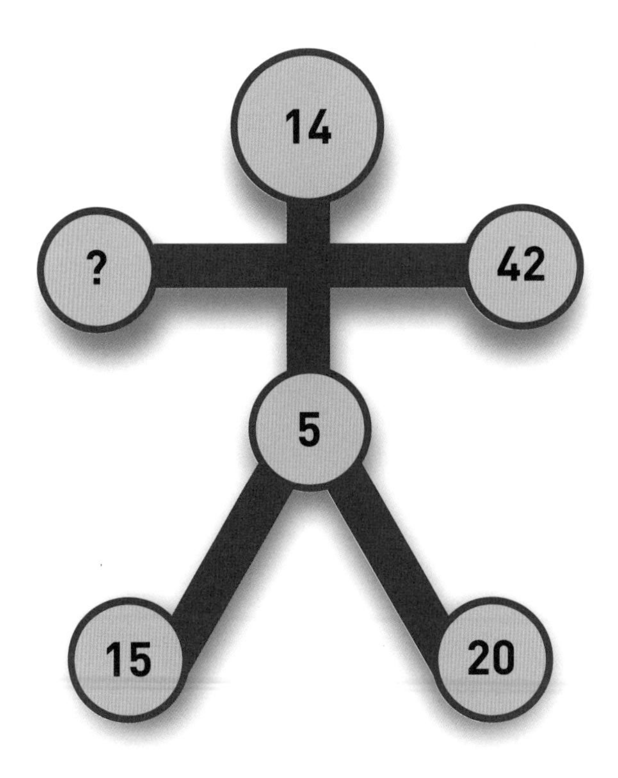

답:177쪽

도형 속 수식이 성립하도록 물음표 자리에 알맞은 숫자를 넣어야 한다. 수식은 맨 왼쪽 위의 물음표부터 시계 방향으로 진행되며 기존의 사칙연산 계산 순서는 고려하지 않는다. 어떤 숫자를 넣어야 할까?

?	−	9	x	5
=				÷
7				2
+				−
3	÷	12	+	4

답:177쪽

054

각 칸에 색이 일정한 규칙에 따라 배치되어 있다. 빈칸에 들어갈 색 조합은 보기 A~C 중 어느 것일까?

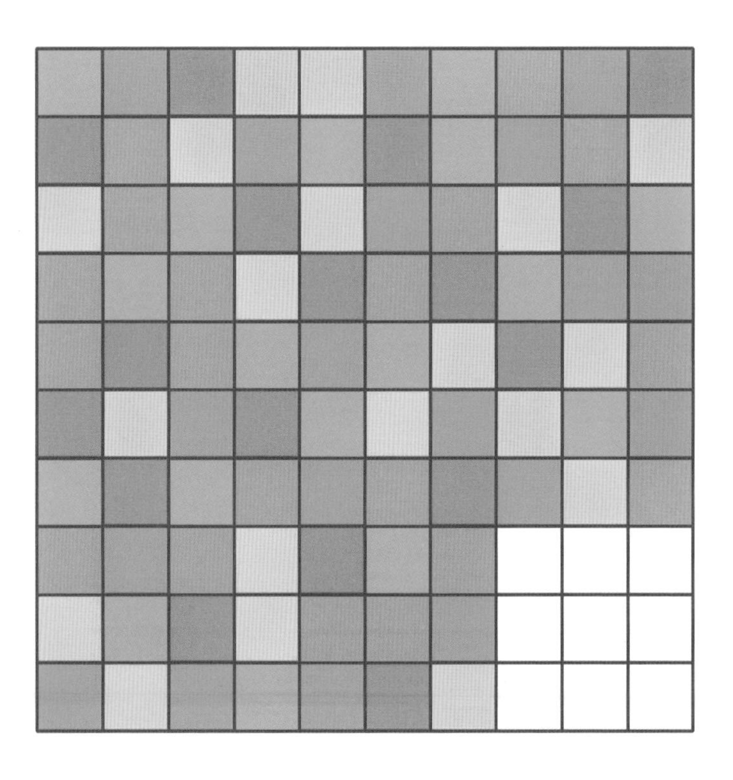

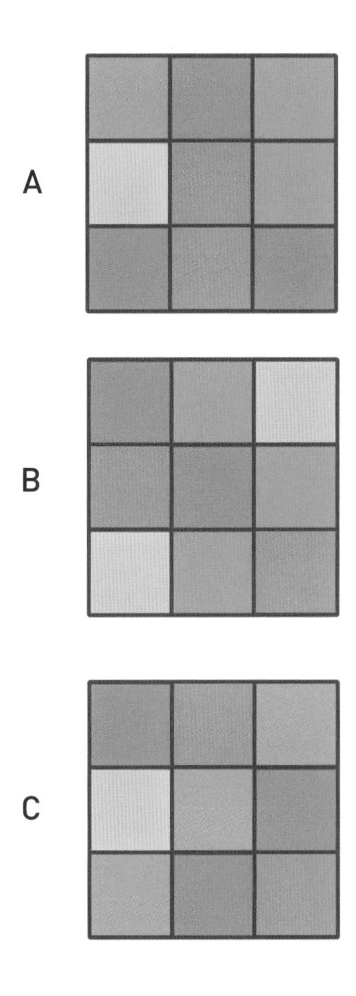
A
B
C

다섯 명의 선수가 자전거 경주에 참가했다. 각 자전거의 출발과 도착 시간 사이에는 일정한 규칙이 있다. D 선수의 자전거는 몇 시 몇 분에 도착했을까?

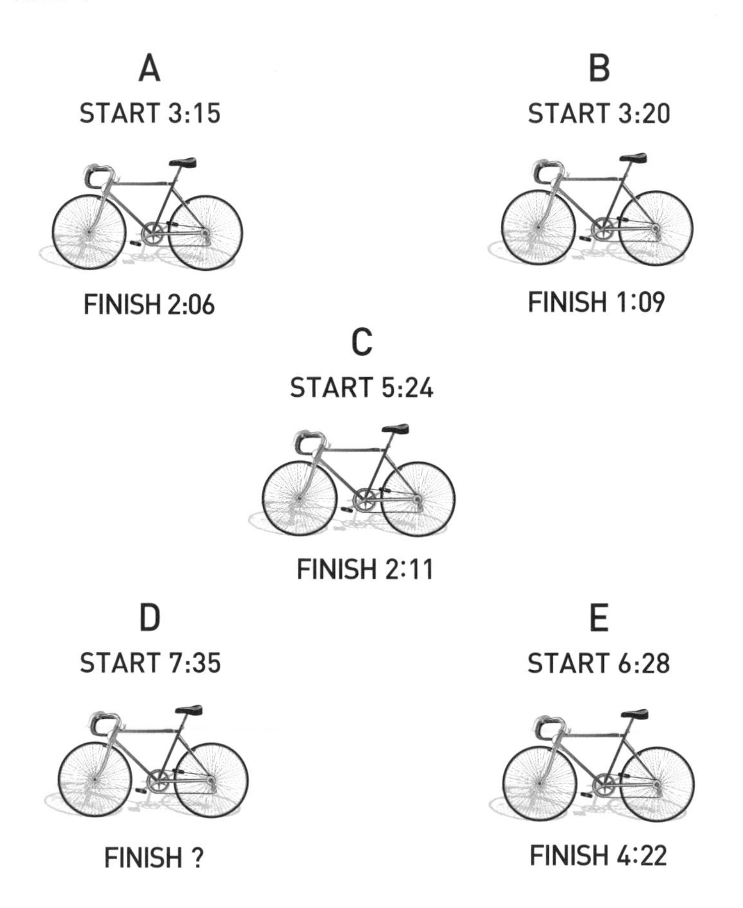

답: 177쪽

아래 도형은 차례대로 일정한 규칙에 따라 움직인다. 물음표 자리에 들어갈 도형은 보기 A~E 중 어느 것일까?

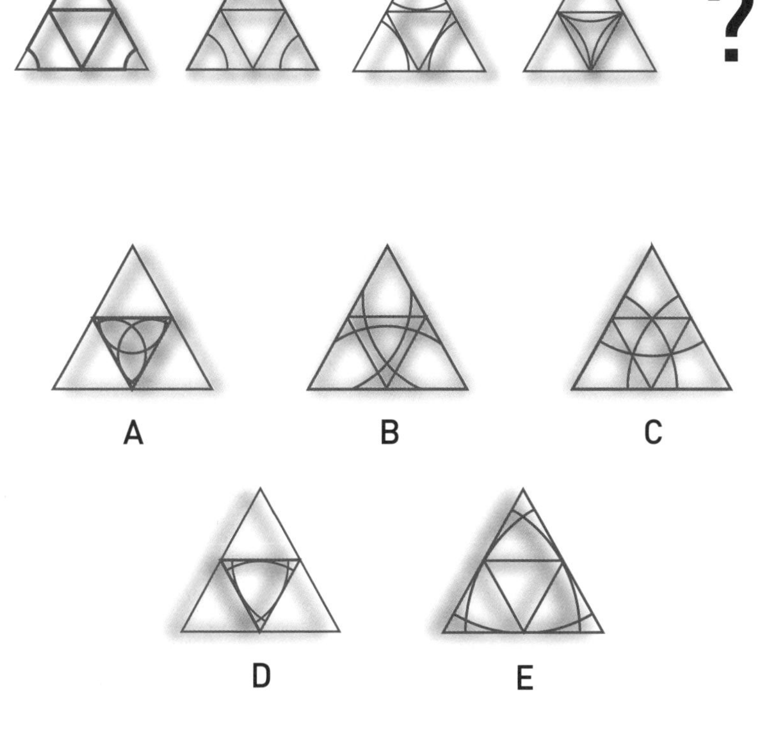

답: 177쪽

057

다섯 개의 도형 중 어느 하나만 나머지와 다르다. 그 도형은 보기 A~E 중 어느 것일까?

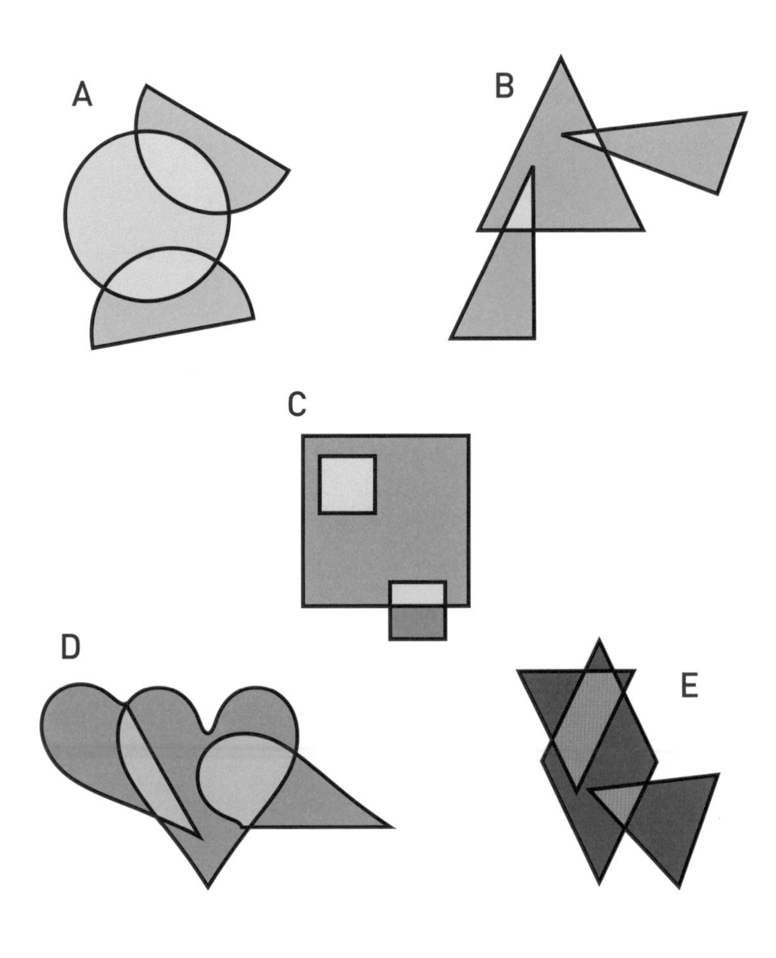

답:177쪽

058

바깥쪽 사각형에는 수식이, 안쪽 사각형에는 답이 있다. 각 숫자 사이에 사칙연산 부호를 넣어 수식을 완성해야 한다. 계산 순서는 12시 방향에 있는 숫자 6부터 시계 방향으로 진행되며, 기존의 사칙연산 계산 순서는 고려하지 않는다. 수식을 어떻게 완성해야 할까?

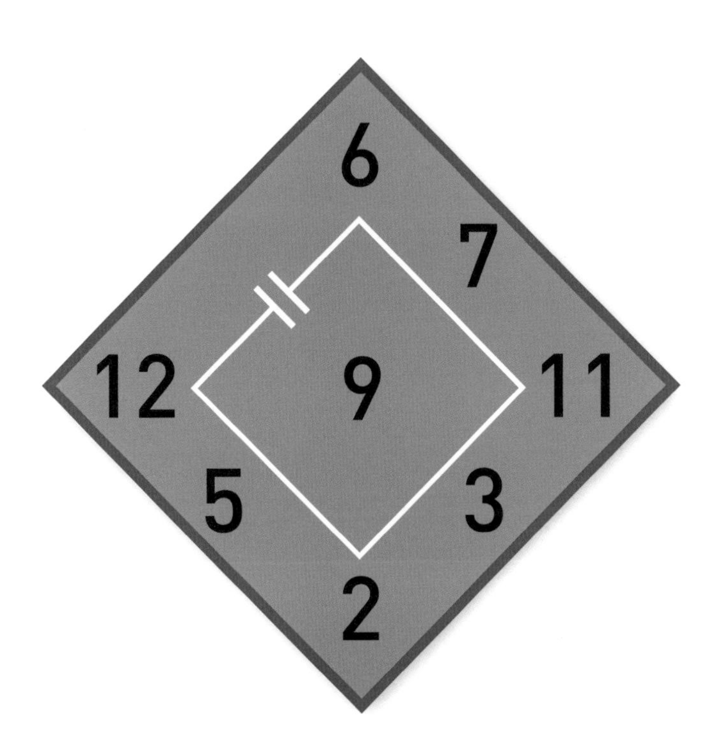

답: 178쪽

도형의 관계를 파악해보자. 빈칸에 들어갈 도형은 보기 A~E 중 어느 것 일까?

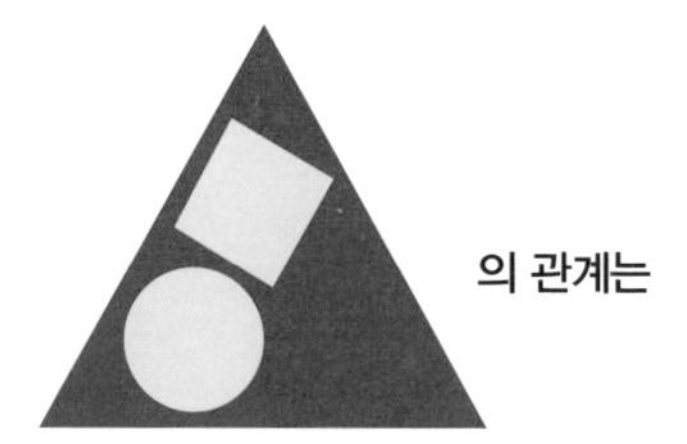

와 ________ 의 관계와 같다.

A

B

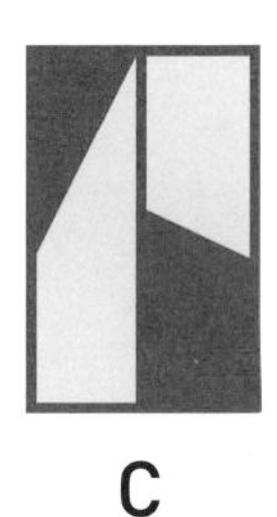

C

D

E

숫자들이 일정한 규칙에 따라 배치되어 있다. 물음표 자리에 들어갈 숫자는 무엇일까?

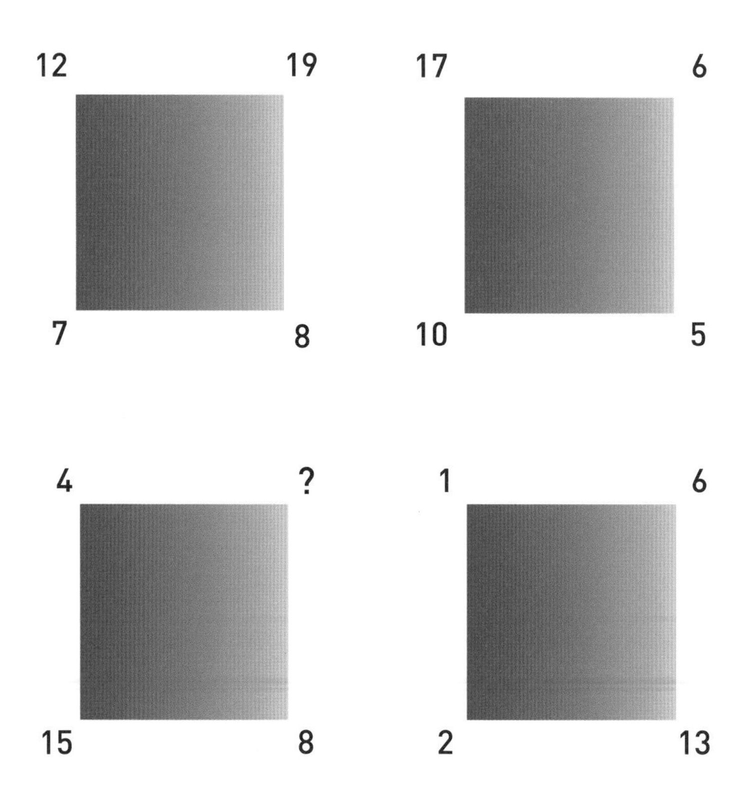

 답:178쪽

도형 안의 O와 X는 일정한 규칙에 따라 움직인다. 물음표 자리에 들어 갈 도형에서 O와 X는 어디에 위치해 있을까?

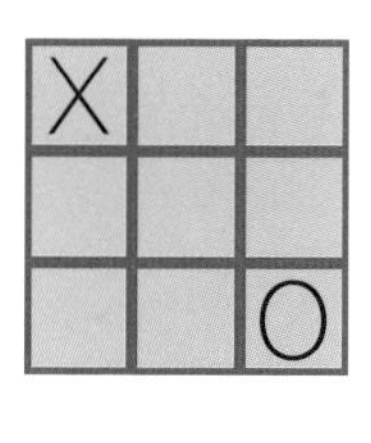

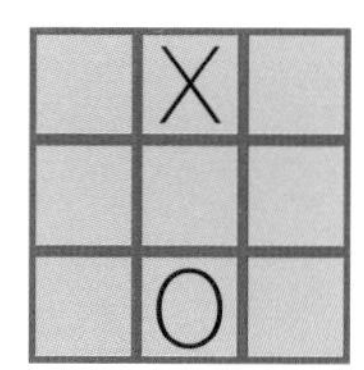

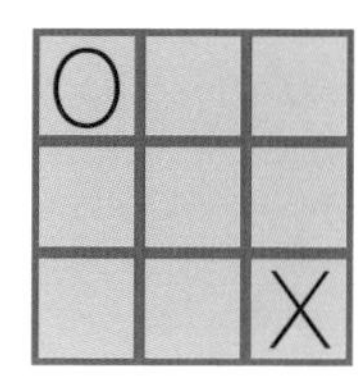

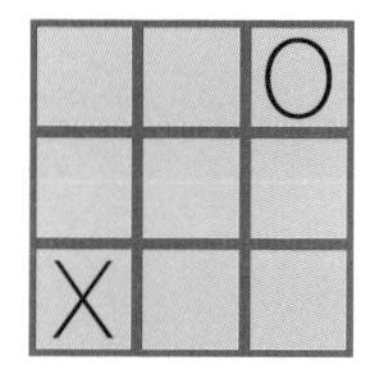

답:178쪽

도형 안에 알파벳이 일정한 규칙에 따라 배치되어 있다. 물음표 자리에 들어갈 알파벳은 무엇일까?

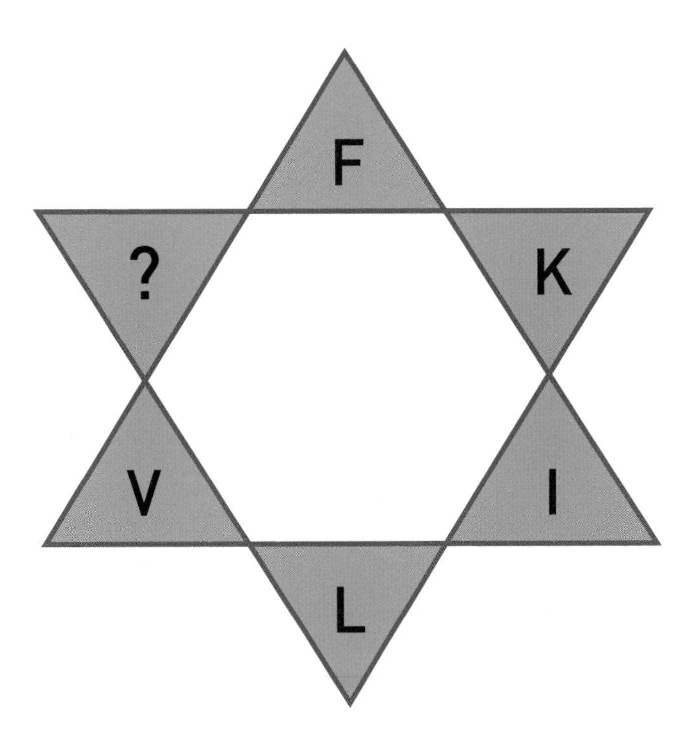

 답:178쪽

063

위 시계에 적힌 시간에서 아래 시계에 적힌 시간까지 변하는 과정이 나타나 있다. 각 과정에서 시간을 앞으로 보낼지, 뒤로 당길지 선택해야 한다. 시계를 어떻게 돌려야 이 계산이 성립할 수 있을까?

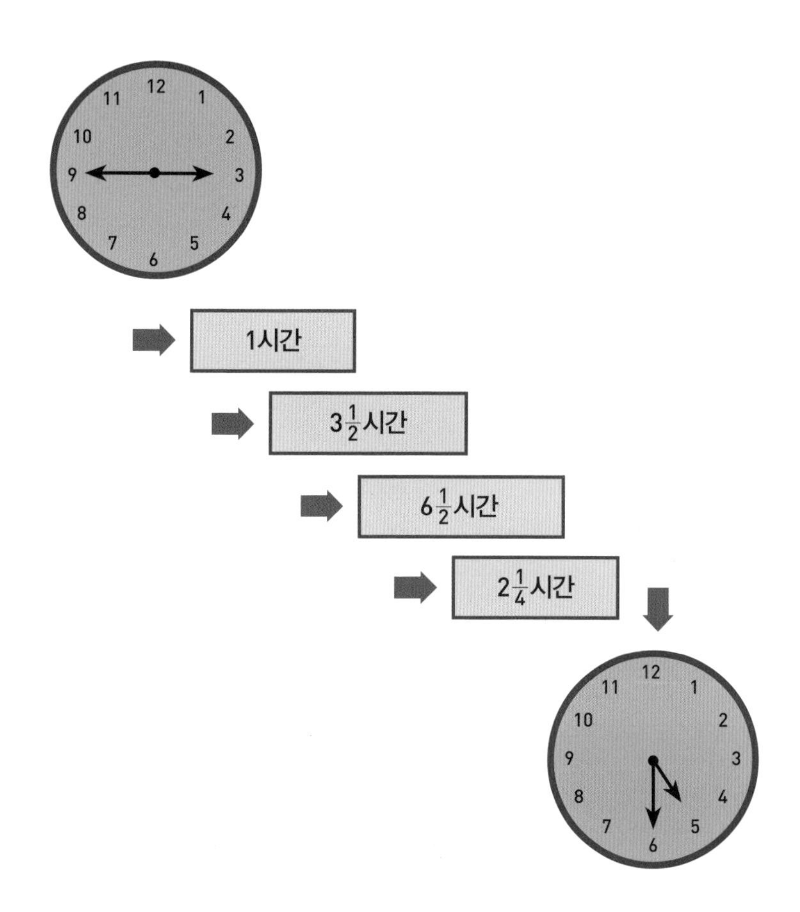

아래 전개도로 만들 수 없는 정육면체는 보기 A~E 중 어느 것일까?

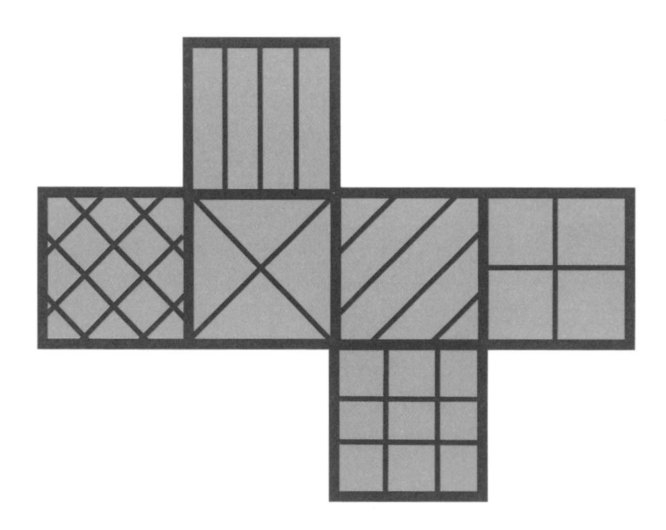

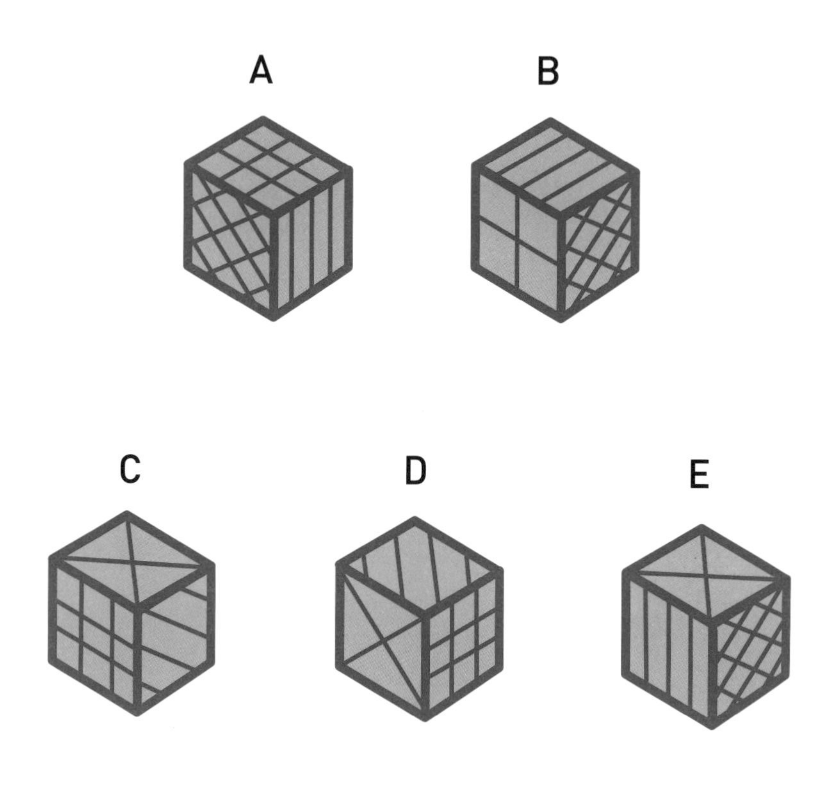
A
B
C
D
E

원 안에 있는 숫자들 중 어느 하나만 나머지와 다르다. 그 숫자는 무엇일까?

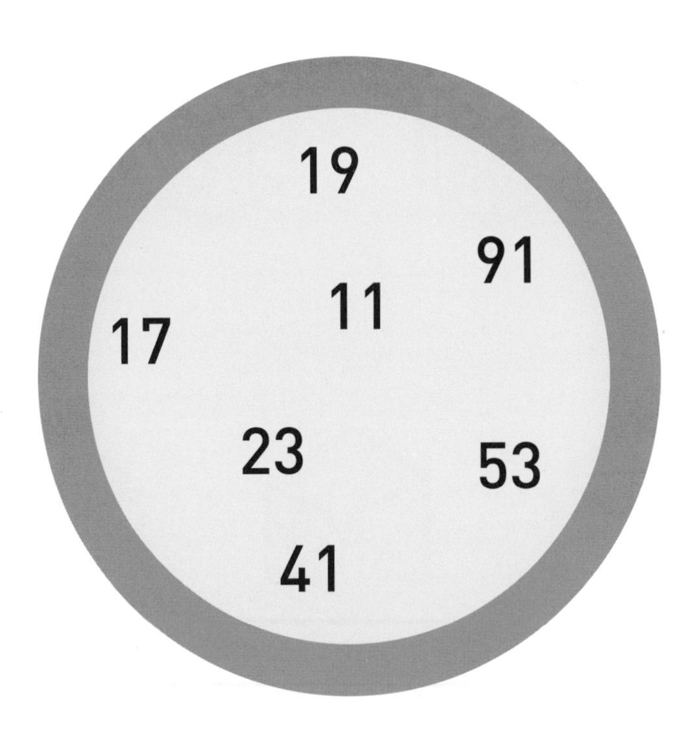

답:178쪽

숫자들이 일정한 규칙에 따라 배치되어 있다. 물음표 자리에 들어갈 숫자는 무엇일까?

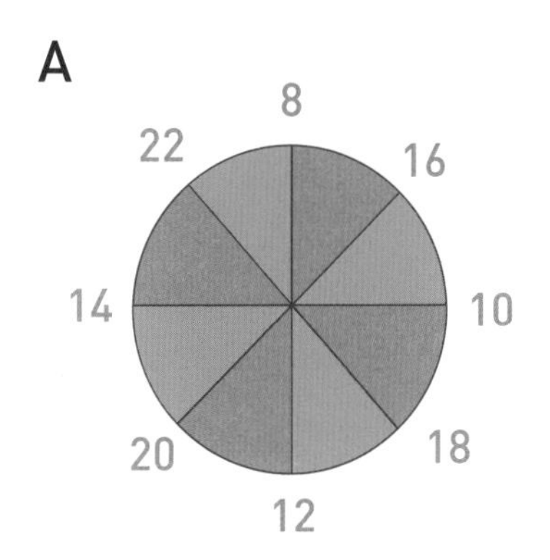

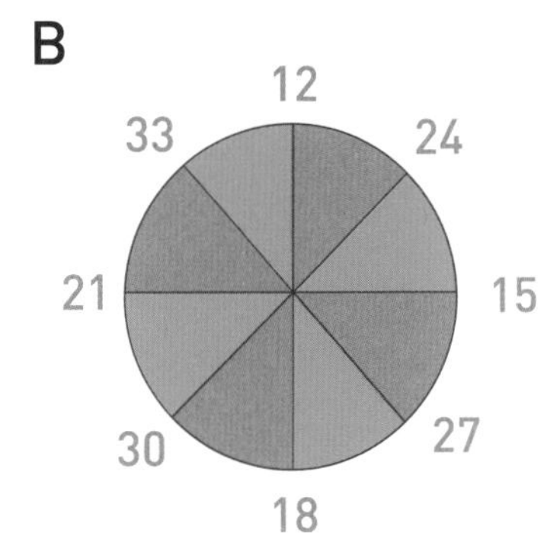

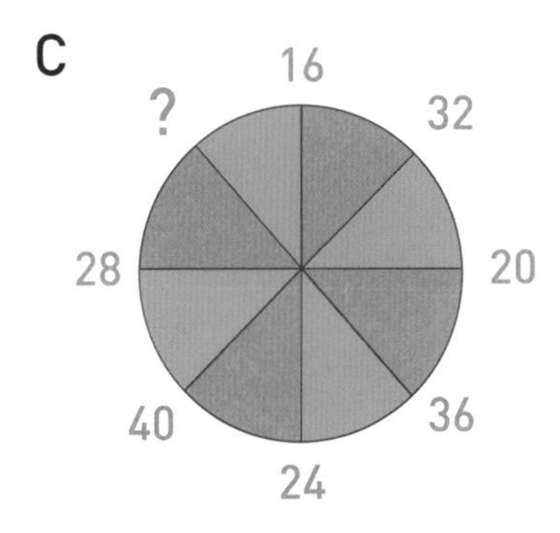

답: 179쪽

067

도형의 색은 각각 1~10 사이의 숫자 중 하나를 나타내며, 도형 아래의 숫자는 그 도형에 있는 색들의 합이다. 물음표에 들어갈 색은 무엇일까?

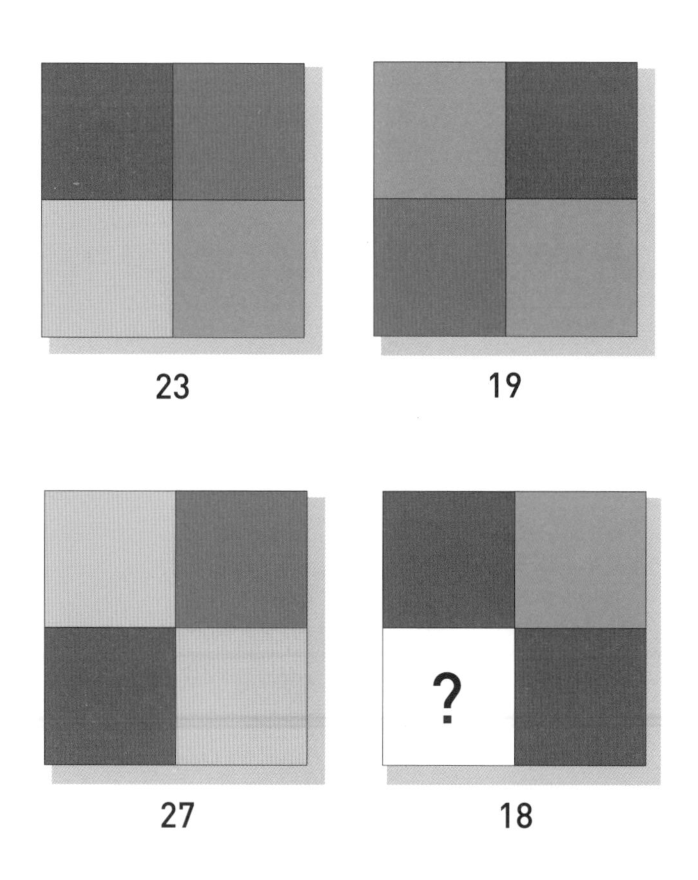

 답:179쪽

숫자들이 일정한 규칙에 따라 배치되어 있다. 물음표 자리에 들어갈 숫자는 무엇일까?

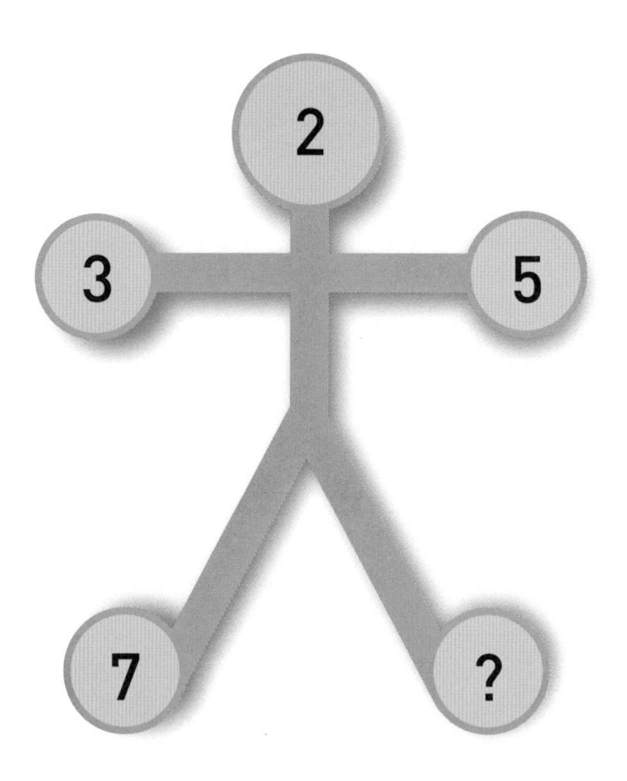

답:179쪽

069

아래 조각들 중에서 하나를 빼고 모두 결합하면 정사각형이 만들어진다. 필요 없는 조각은 보기 A~H 중 어느 것일까?

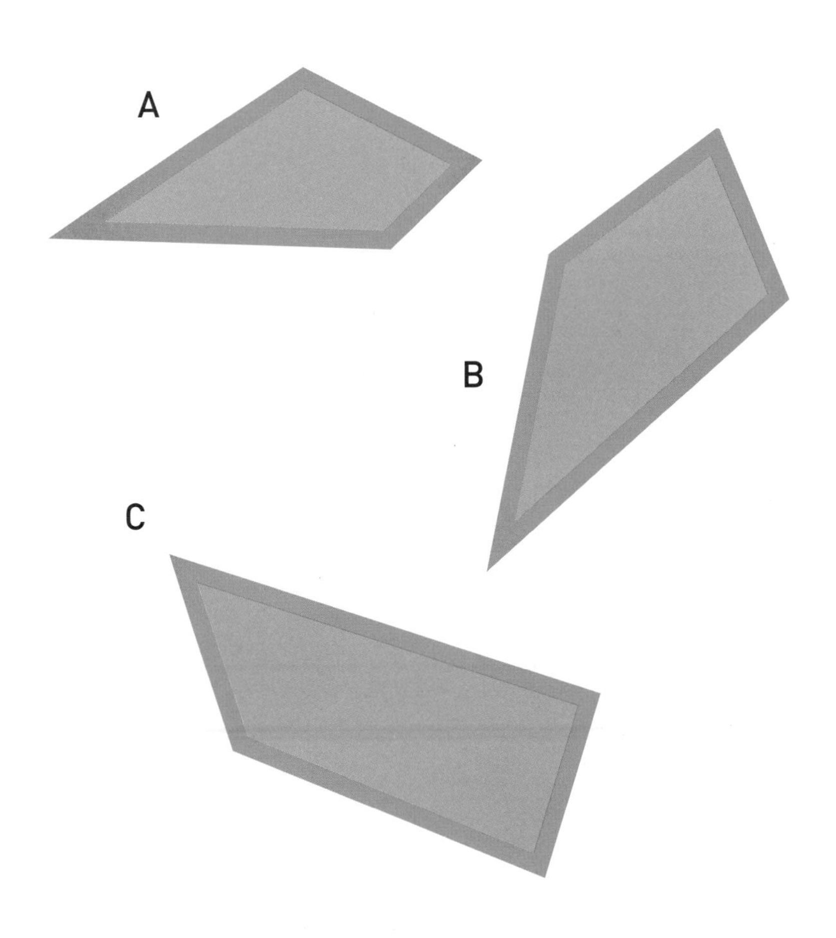

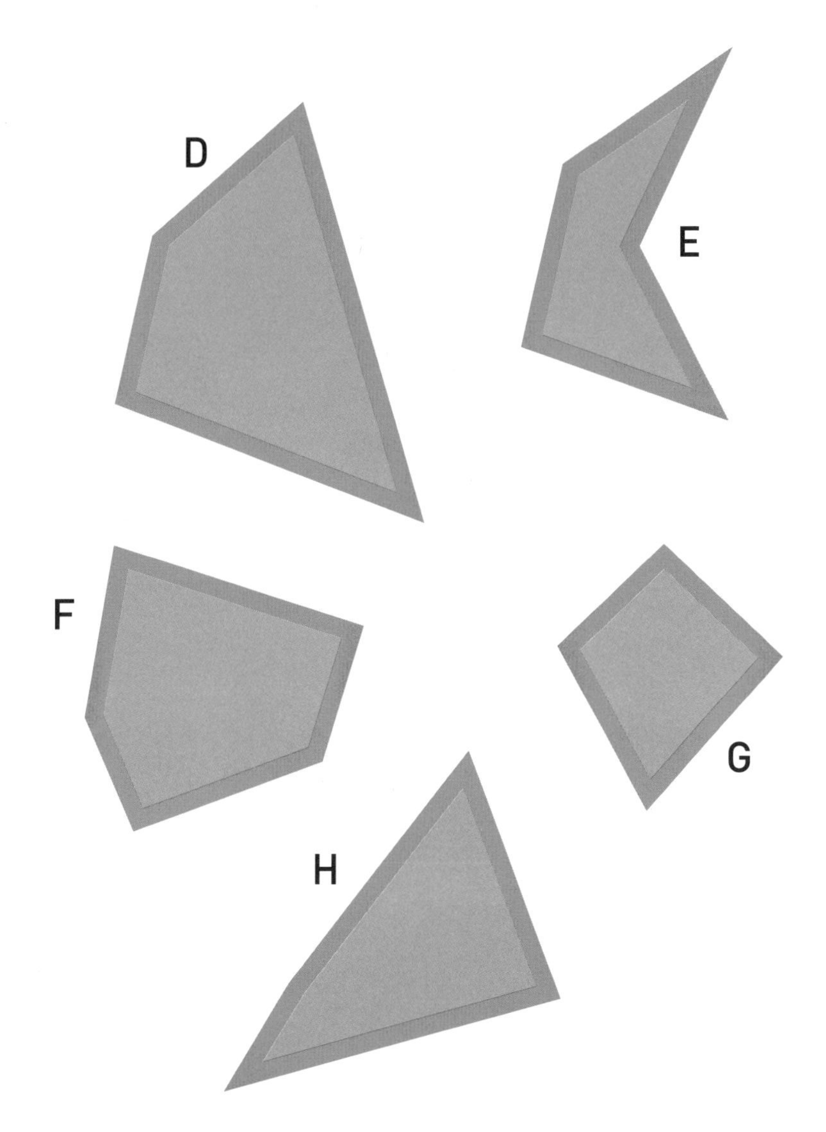
D
E
F
G
H

열기구의 번호와 활공 시간 사이에는 일정한 규칙이 있다. 열기구 E의 활공 시간은 보기 a~d 중 어느 것일까?

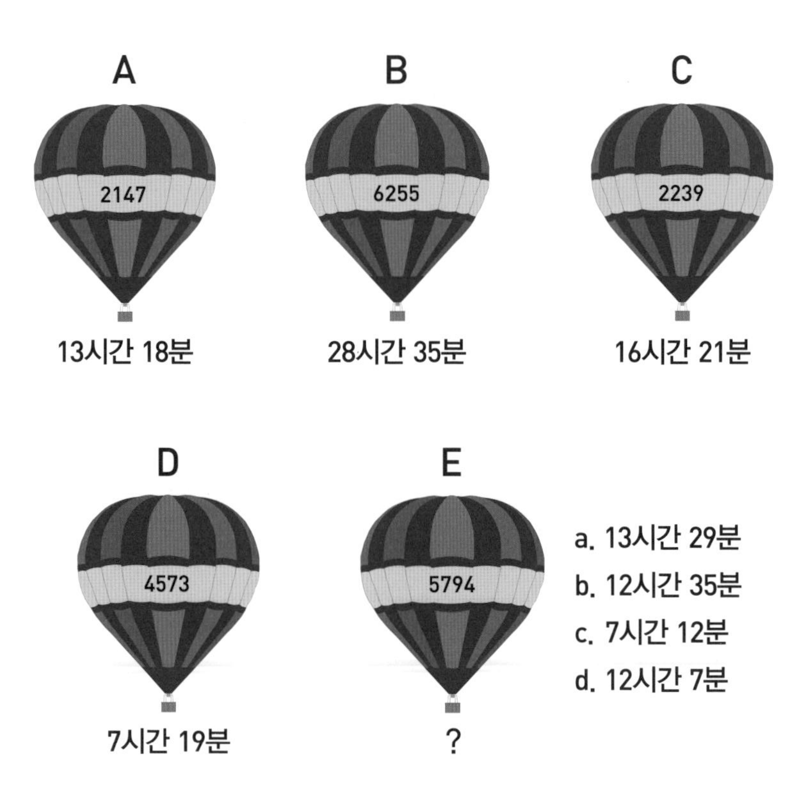

 답:179쪽

다섯 개의 도형 중 어느 하나만 나머지와 다르다. 그 도형은 보기 A~E 중 어느 것일까?

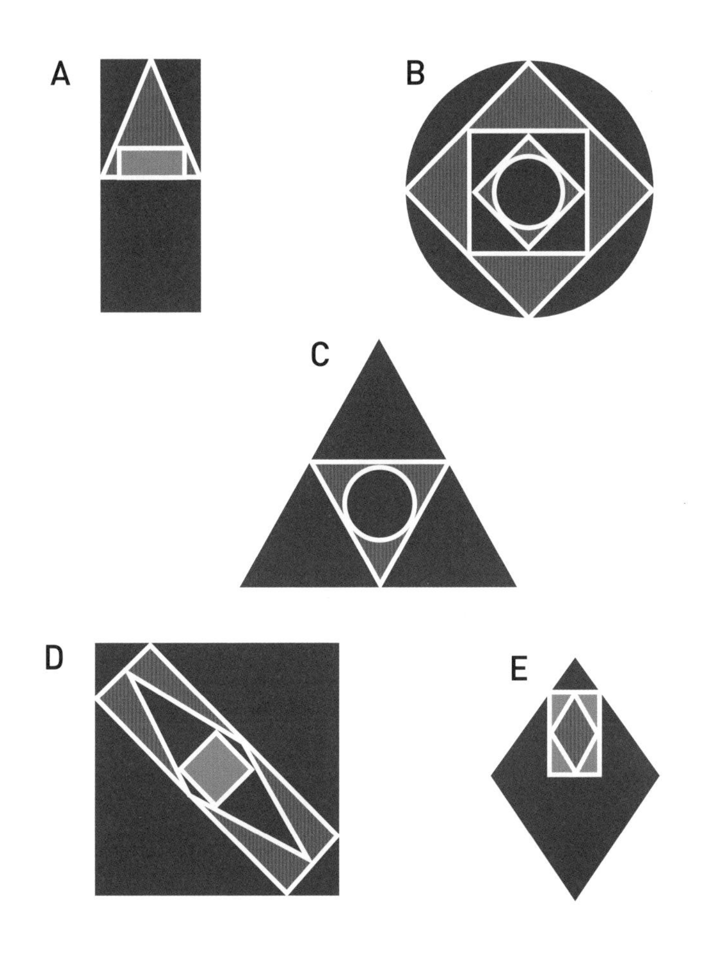

답:179쪽

072

도형의 관계를 파악해보자. 빈칸에 들어갈 도형은 보기 A~E 중 어느 것일까?

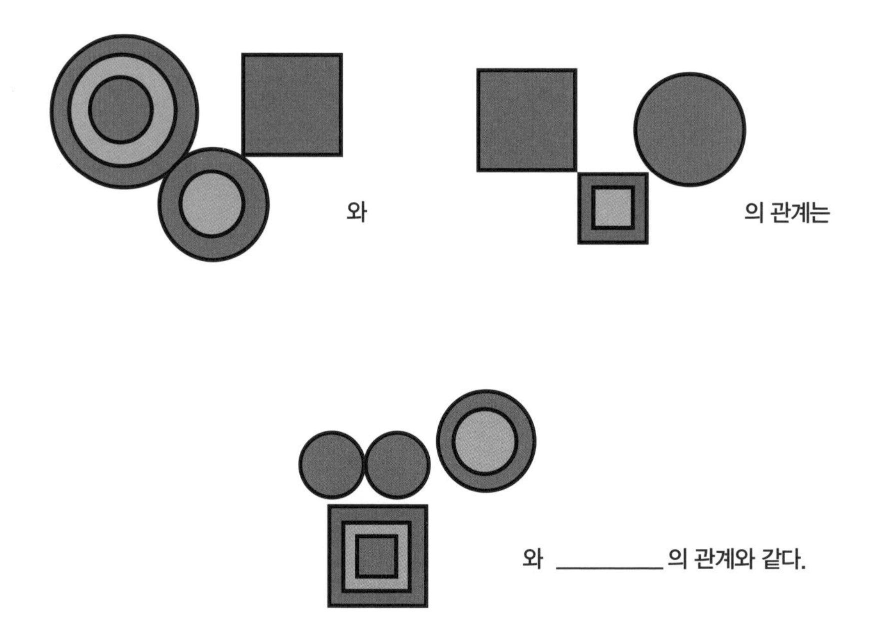

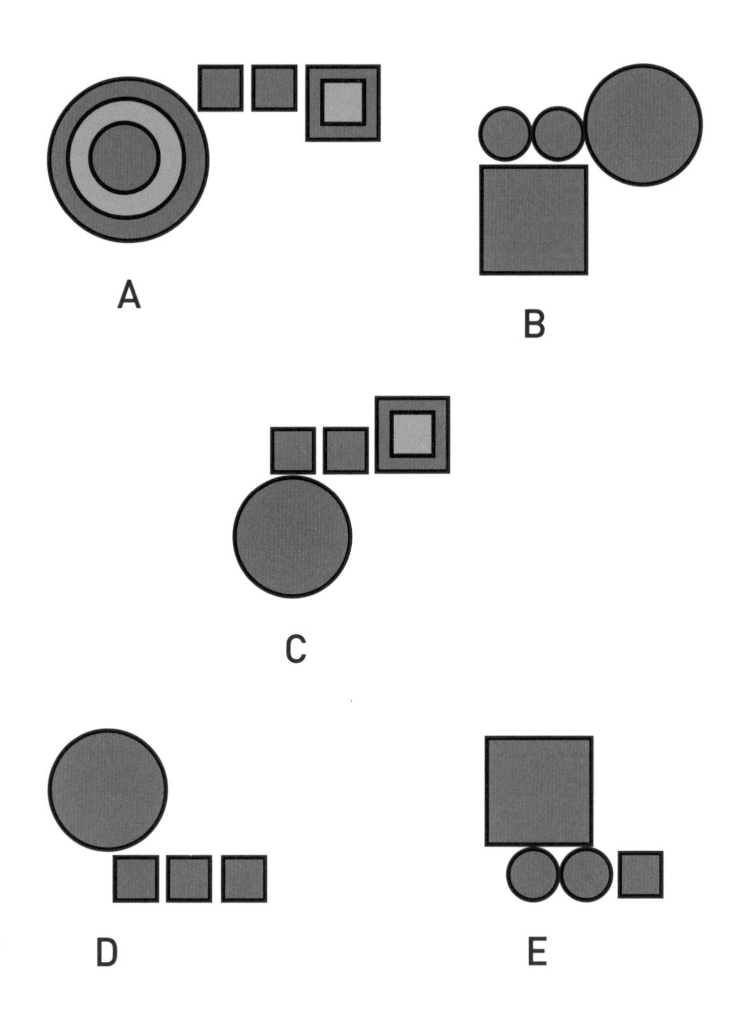

A
B
C
D
E

073

바깥쪽 사각형에는 수식이, 안쪽 사각형에는 답이 있다. 각 숫자 사이에 사칙연산 부호를 넣어 수식을 완성해야 한다. 계산 순서는 12시 방향에 있는 숫자 4부터 시계 방향으로 진행되며, 기존의 사칙연산 계산 순서는 고려하지 않는다. 수식을 어떻게 완성해야 할까?

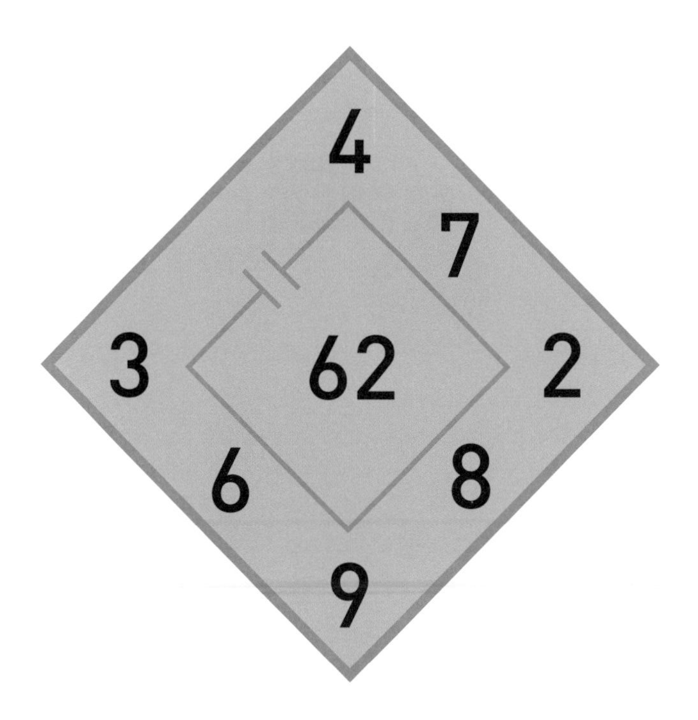

 답:179쪽

074

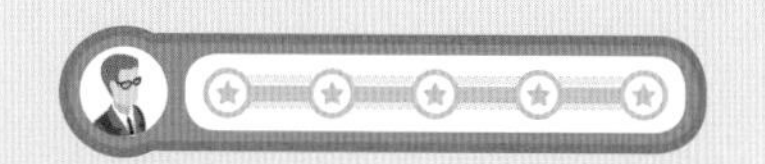

숫자들이 일정한 규칙에 따라 배치되어 있다. 물음표 자리에 들어갈 숫자는 무엇일까?

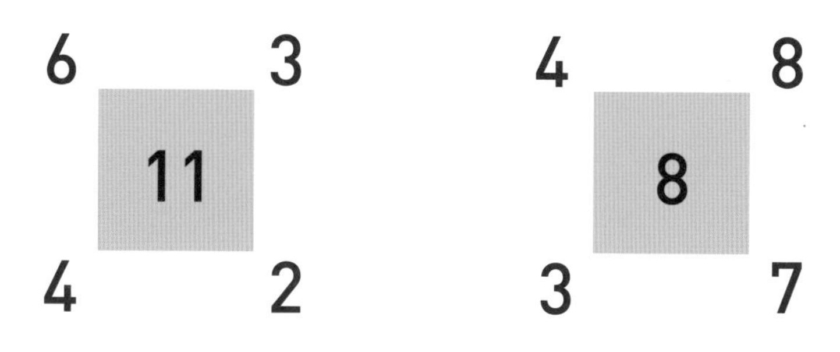

5 3

20

2 6

6 2

?

1 4

답: 180쪽

075

각 칸에 도형들이 일정한 규칙에 따라 배치되어 있다. 물음표 안에 들어 갈 도형은 무엇일까?

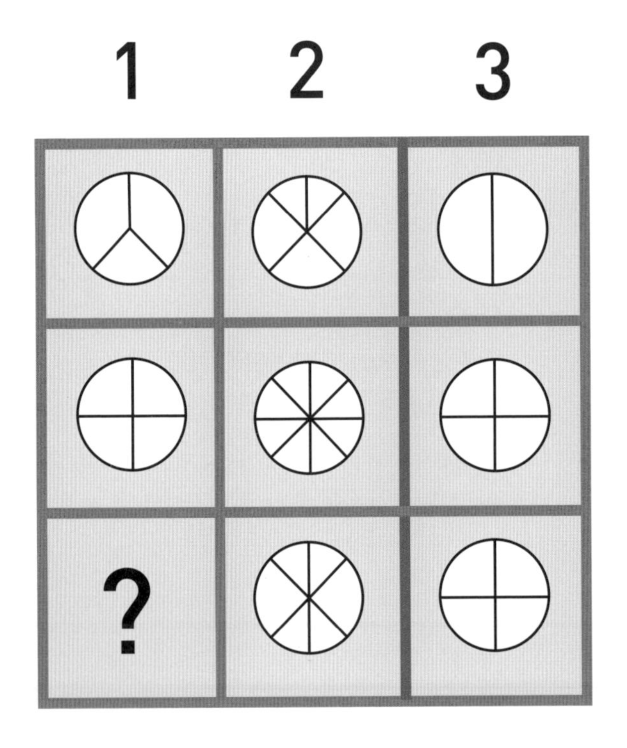

076

보기 A~E는 모두 한 정육면체를 다른 각도에서 바라본 것이다. 물음표 자리에는 어떤 그림이 들어가야 할까?

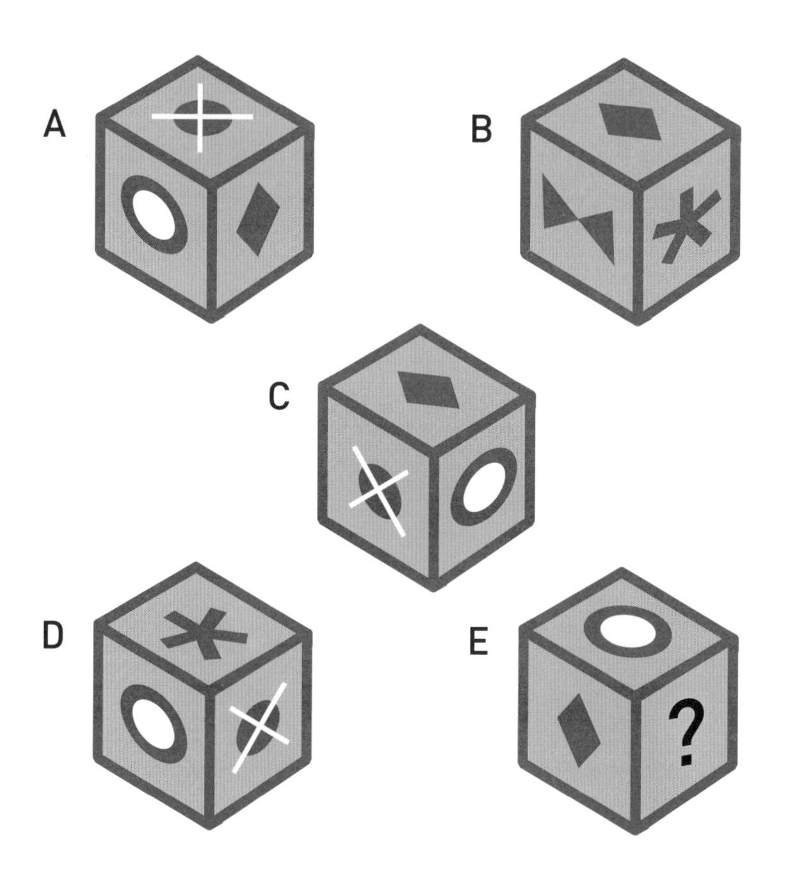

077

아래 도형은 차례대로 일정한 규칙에 따라 움직인다. 다음에 이어질 도형은 보기 A~D 중 어느 것일까?

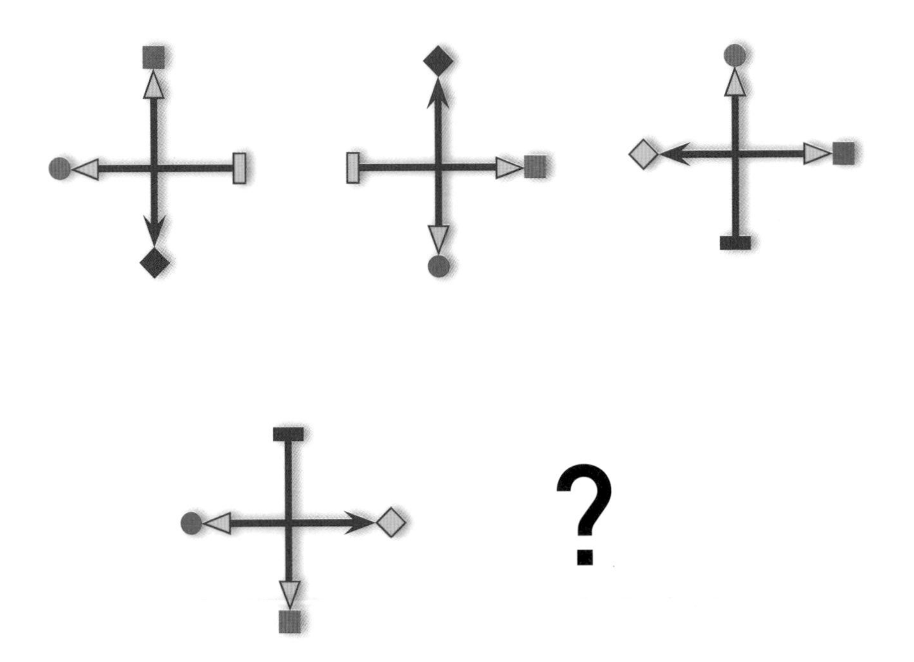

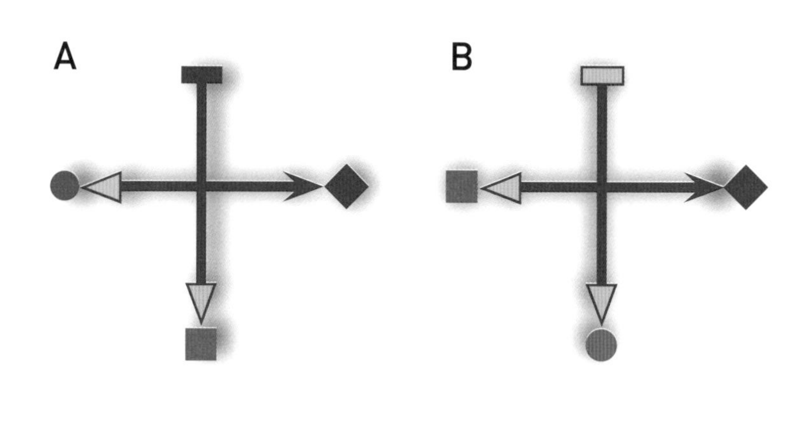
A
B

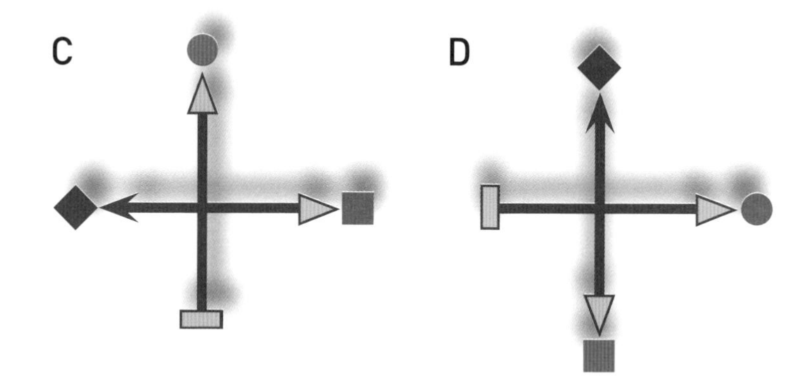
C
D

숫자들이 일정한 규칙에 따라 배치되어 있다. 물음표 자리에 들어갈 숫자는 무엇일까?

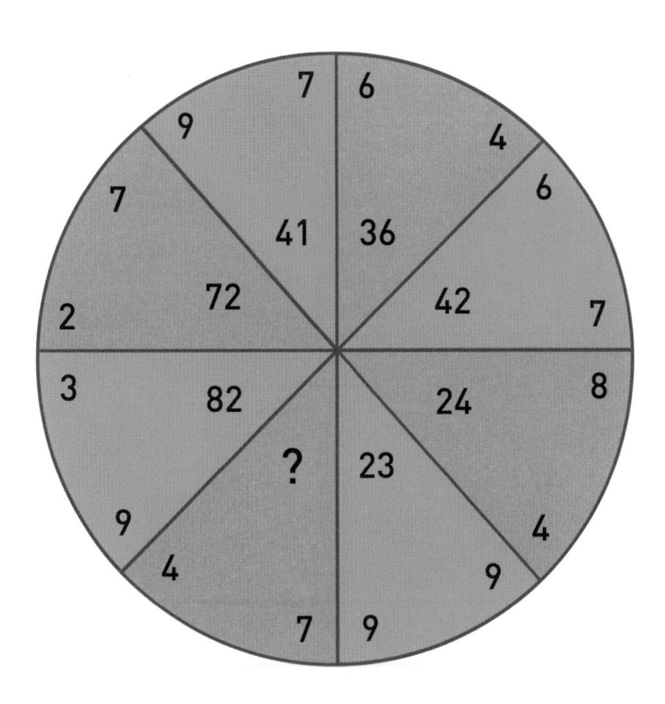

 답: 180쪽

079

다섯 개의 도형 중 어느 하나만 나머지와 다르다. 그 도형은 보기 A~E 중 어느 것일까?

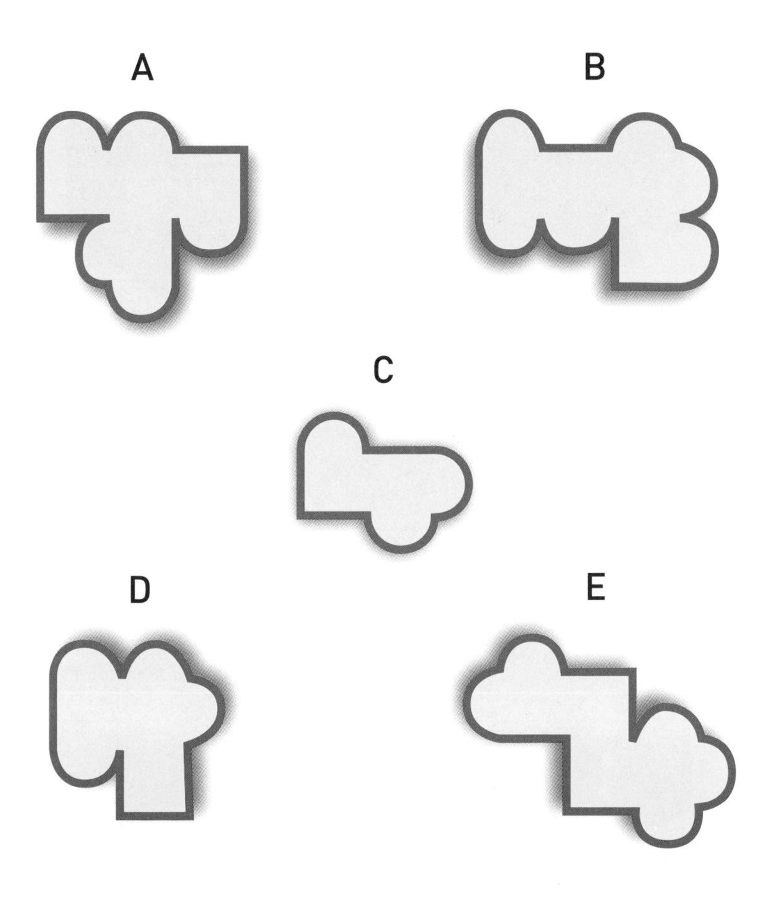

다섯 개의 주사위 중 어느 하나만 나머지와 다르다. 그 주사위는 보기 A~E 중 어느 것일까?

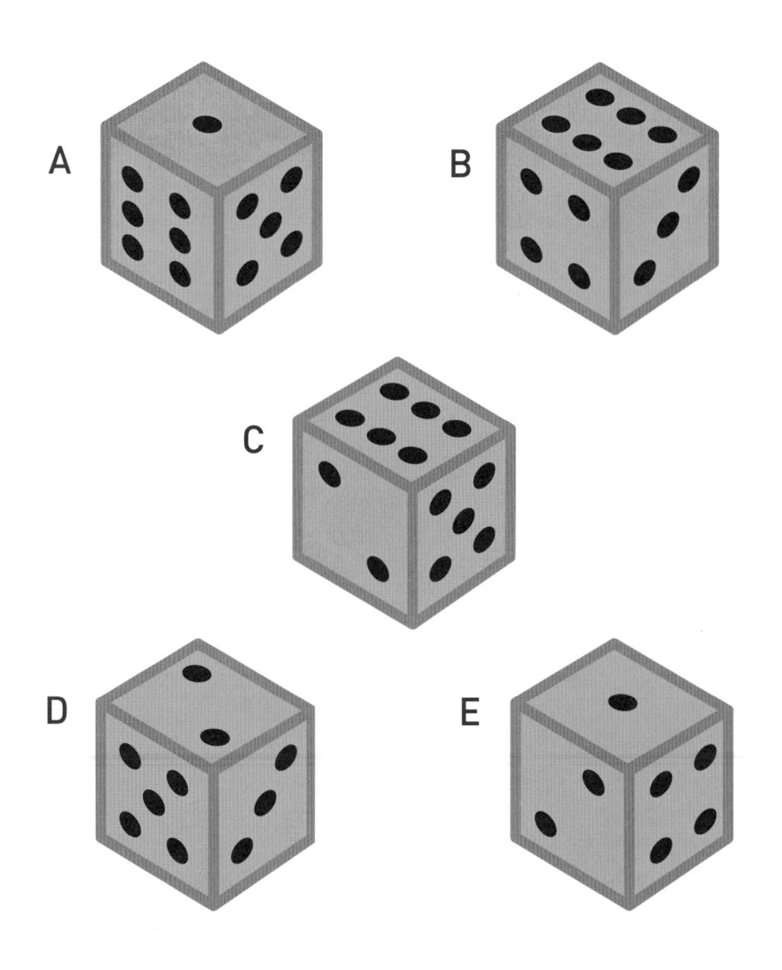

 답:180쪽

081

시계는 차례대로 일정한 규칙에 따라 움직인다. 3번 시계는 몇 시 몇 분을 가리켜야 할까?

1

2

3

4

답:180쪽

082

도형의 관계를 파악해보자. 빈칸에 들어갈 도형은 보기 A~D 중 어느 것일까?

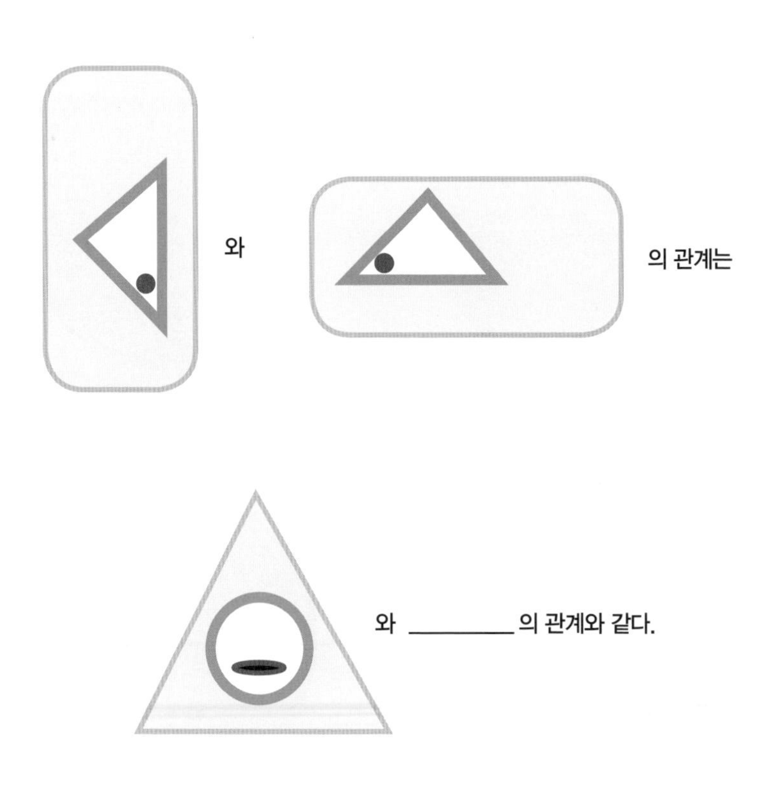

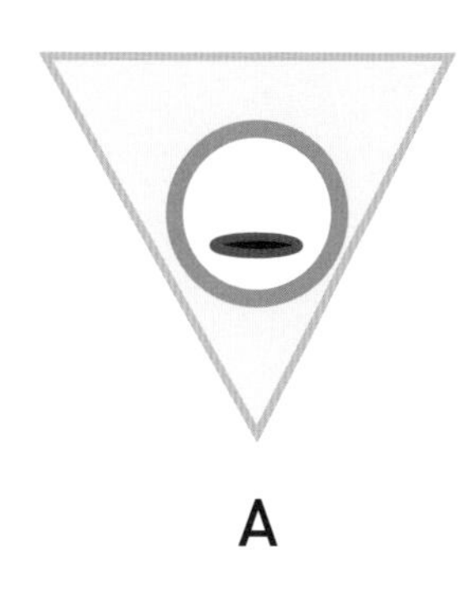

A

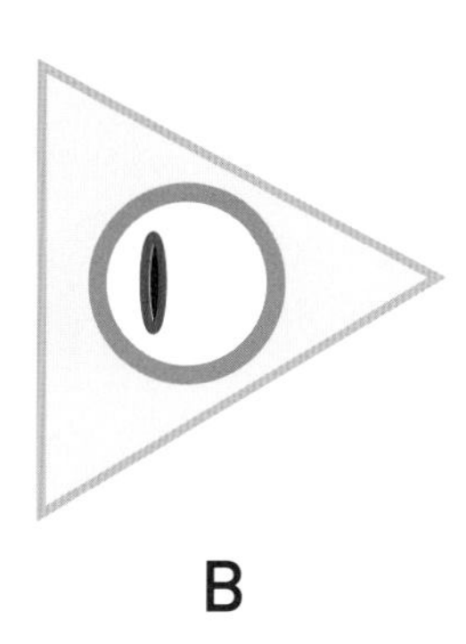

B

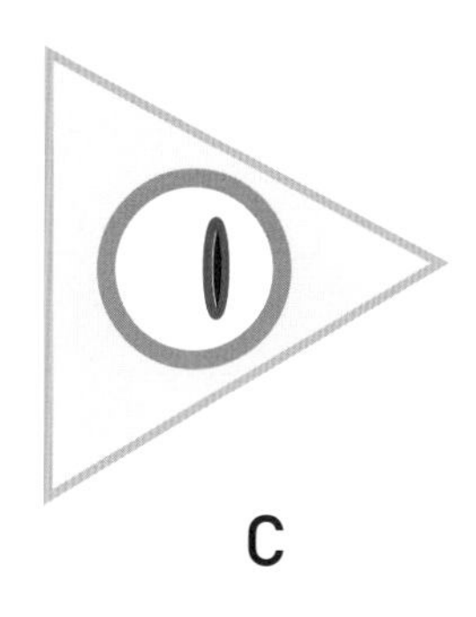

C

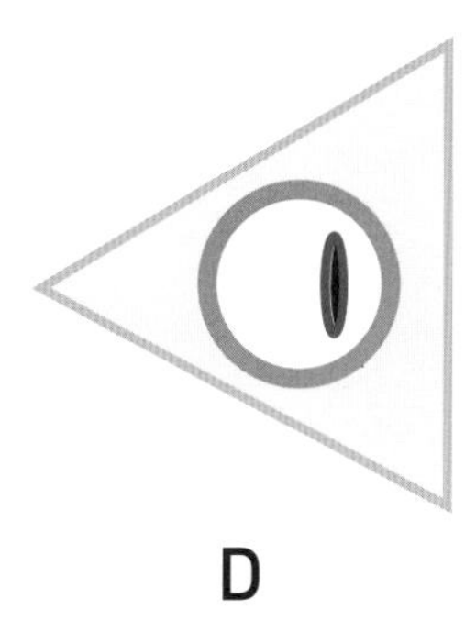

D

083

아래 도형과 결합했을 때 완벽한 원을 이루는 것은 보기 A~E 중 어느 것일까?

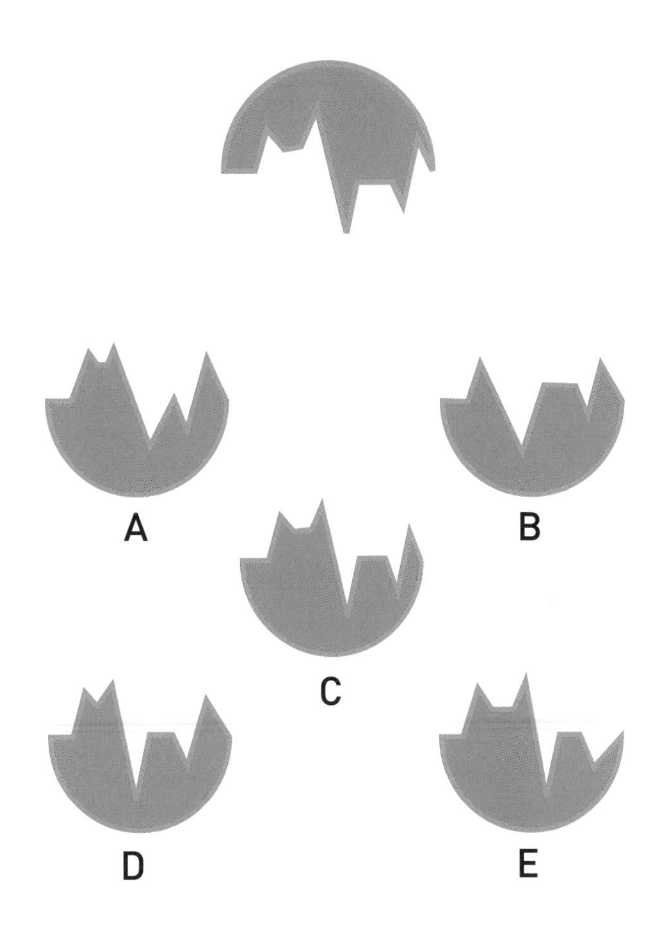

 답:180쪽

트랙터 번호와 밭의 넓이(m²), 수확한 감자 무게 사이에는 일정한 규칙이 있다. 10번 트랙터가 작업하는 밭의 넓이는 얼마일까?

No. 6 (873m²)

4372톤

No. 10 (?)

6356톤

No. 4 (1093m²)

5238톤

No. 14 (454m²)

3786톤

No. 3 (1262m²)

9870톤

답:181쪽

숫자들이 일정한 규칙에 따라 배치되어 있다. 물음표 자리에 들어갈 숫자는 무엇일까?

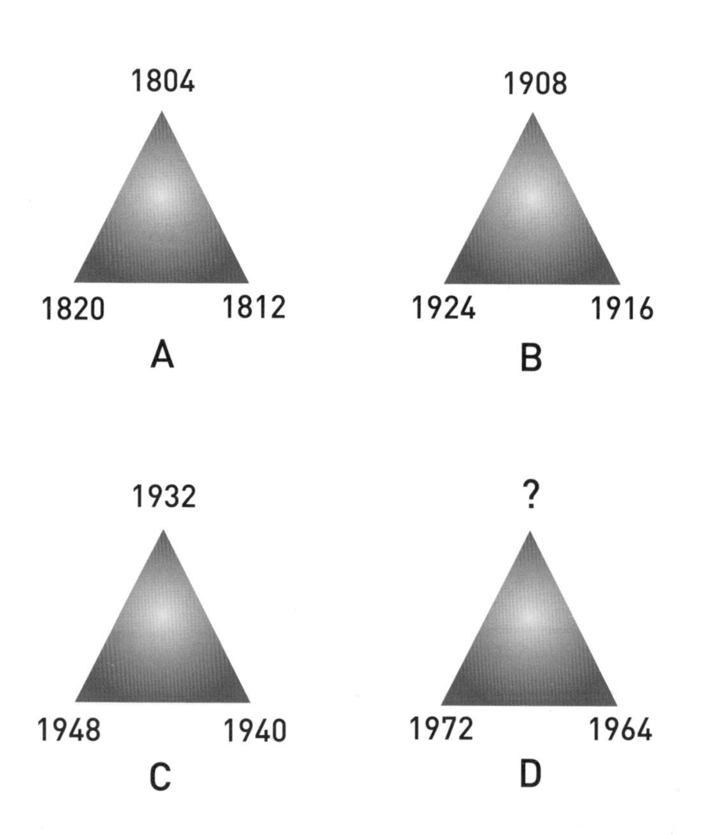

 답:181쪽

다섯 개의 도형 중 어느 하나만 나머지와 다르다. 그 도형은 보기 A~E 중 어느 것일까?

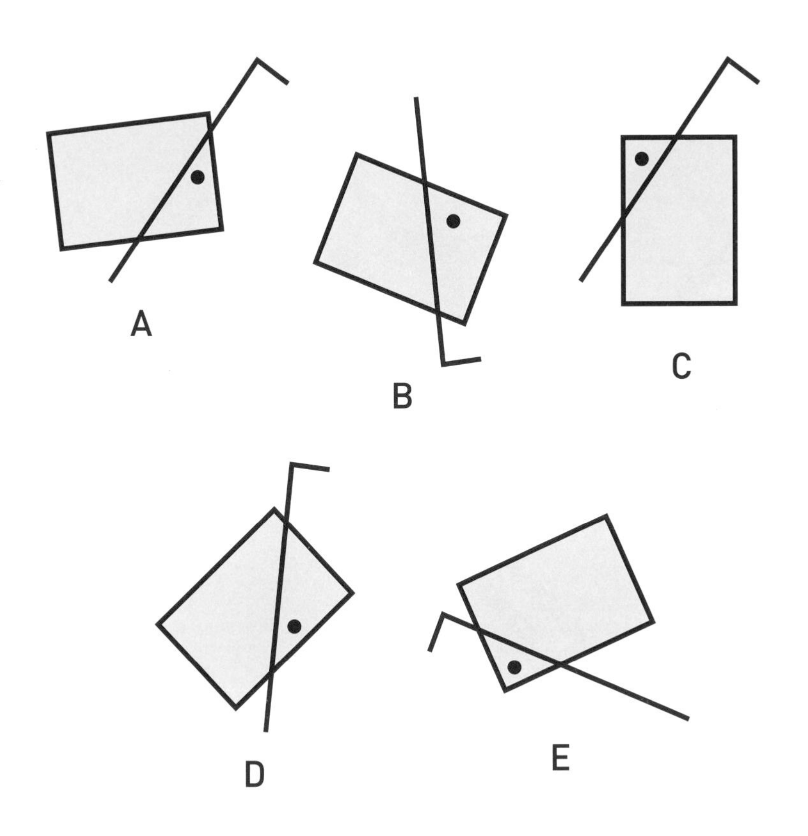

087

도형의 관계를 파악해보자. 빈칸에 들어갈 도형은 보기 A~E 중 어느 것 일까?

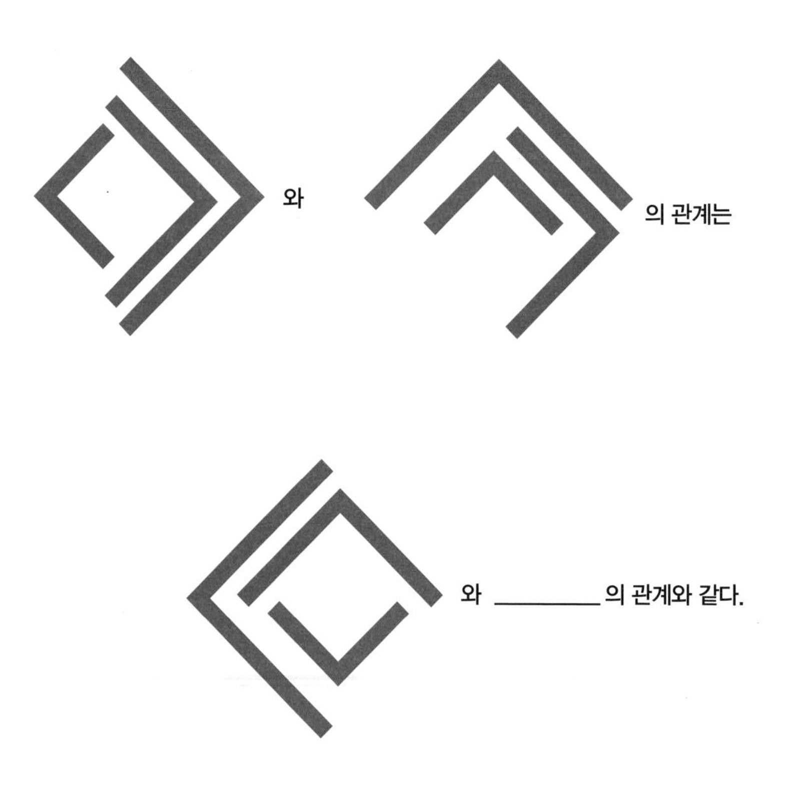

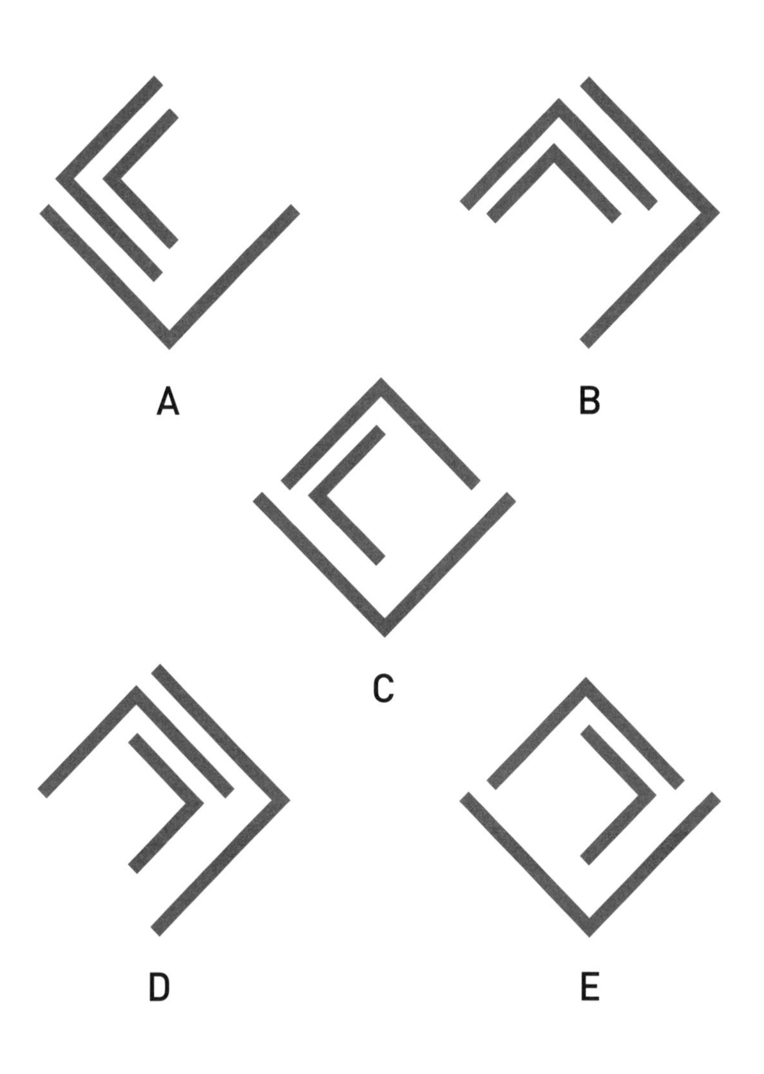

답:181쪽

큰 숫자와 그 아래에 있는 작은 숫자 사이에는 일정한 규칙이 있다. 물음표 자리에 들어갈 숫자는 무엇일까?

 답:181쪽

089

숫자들이 일정한 규칙에 따라 배치되어 있다. 물음표 자리에 들어갈 숫자는 무엇일까?

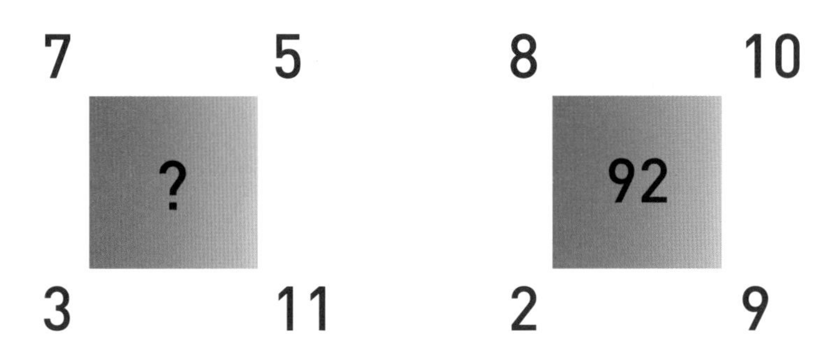

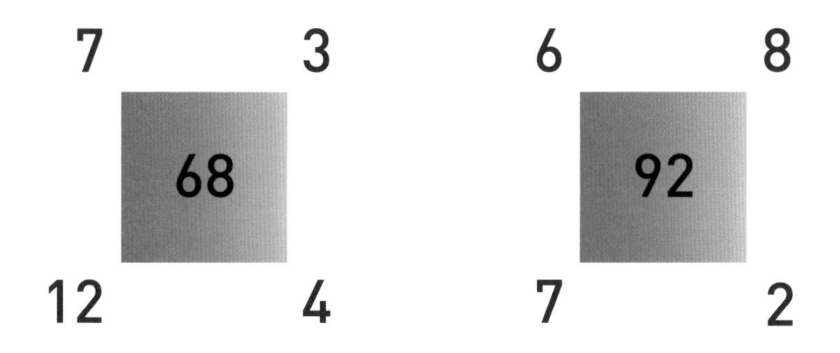

답:181쪽

아래 도형은 일정한 규칙에 따라 나열되어 있다. 물음표 자리에 들어갈 도형은 보기 A~E 중 어느 것일까?

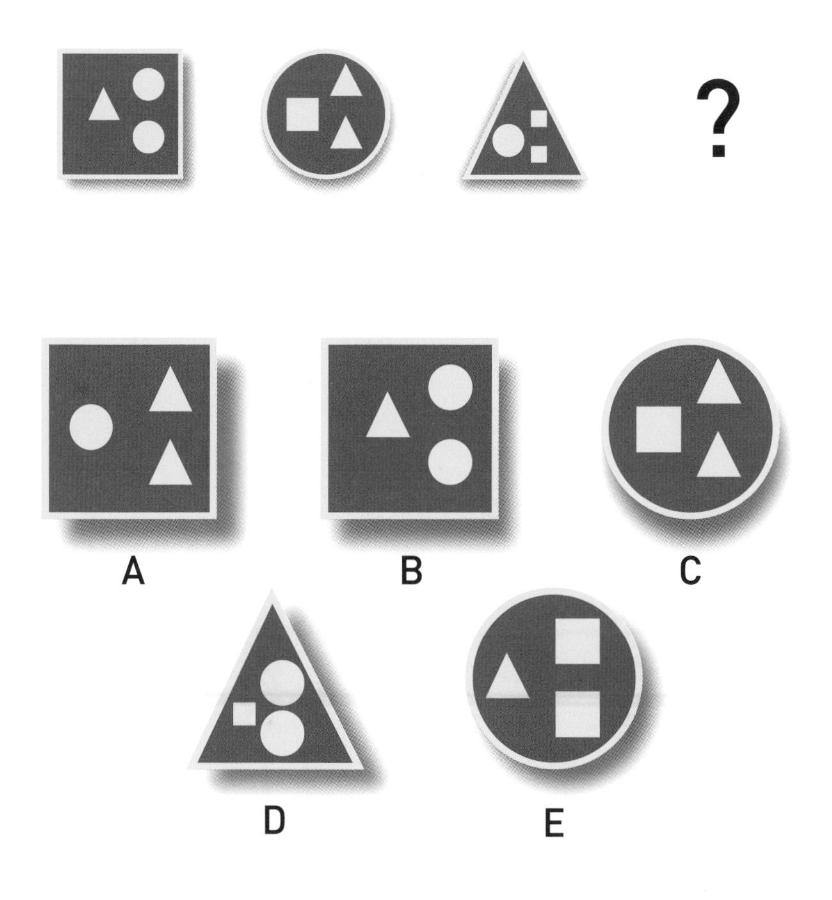

 답: 181쪽

시계 A~E에 표시된 시간 사이에는 일정한 규칙이 있다. 물음표 자리에 들어갈 시간은 몇 시 몇 분 몇 초일까?

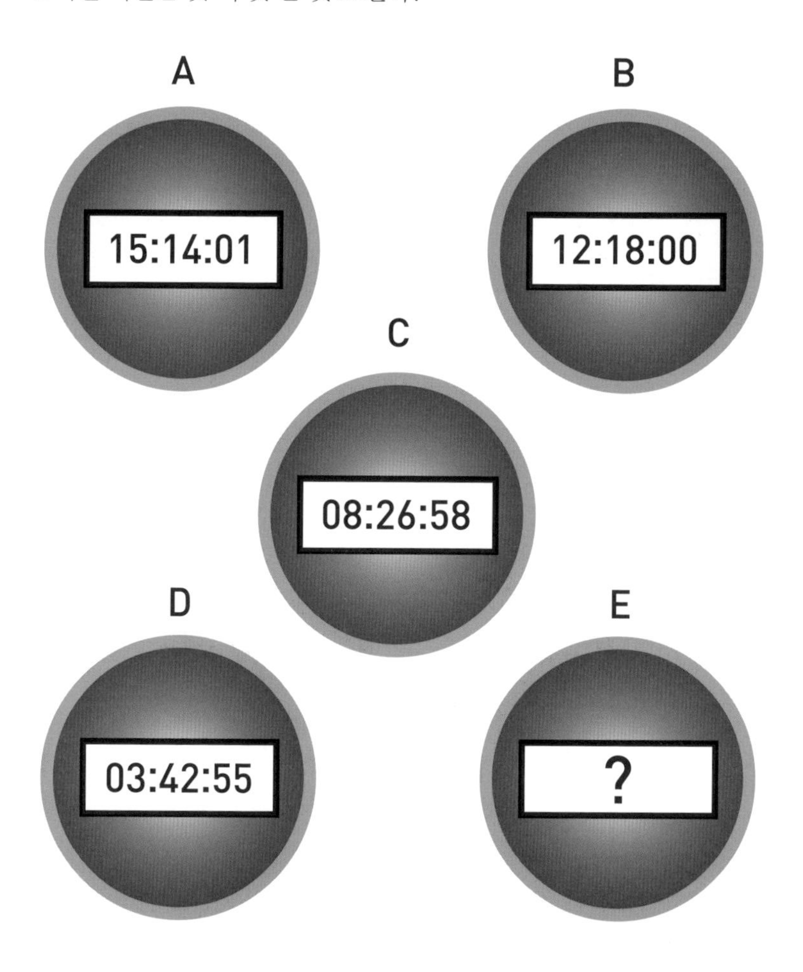

답: 182쪽

다섯 개의 도형 중 어느 하나만 나머지와 다르다. 그 도형은 A~E 중 어느 것일까?

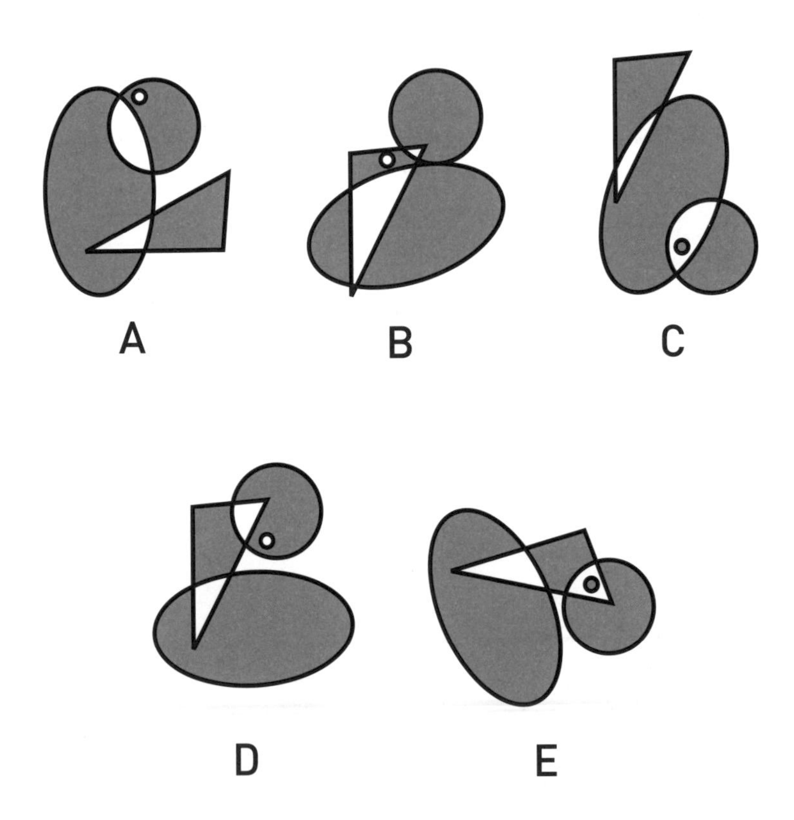

 답: 182쪽

각 칸의 색은 1~9 사이의 숫자 중 하나를 나타낸다. 같은 줄에 있는 색을 모두 더하면 각 줄 바깥에 있는 숫자가 나온다. 물음표 자리에 들어갈 숫자는 무엇일까?

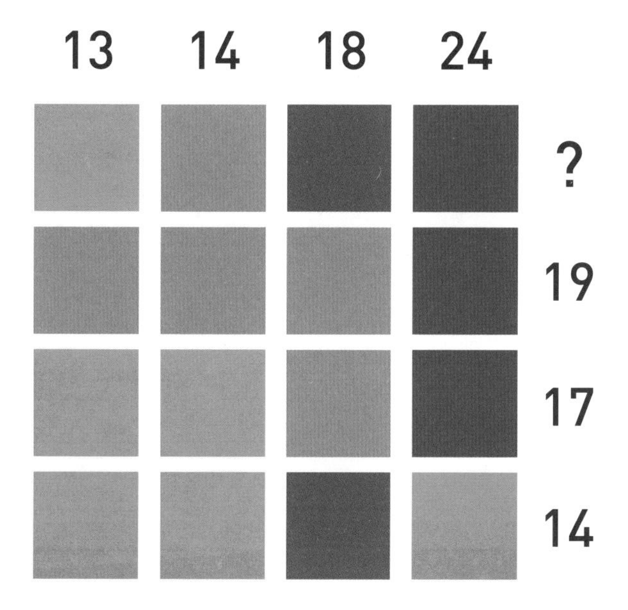

답:182쪽

094

아래 전개도로 만들 수 있는 정사면체는 보기 A~E 중 어느 것일까?

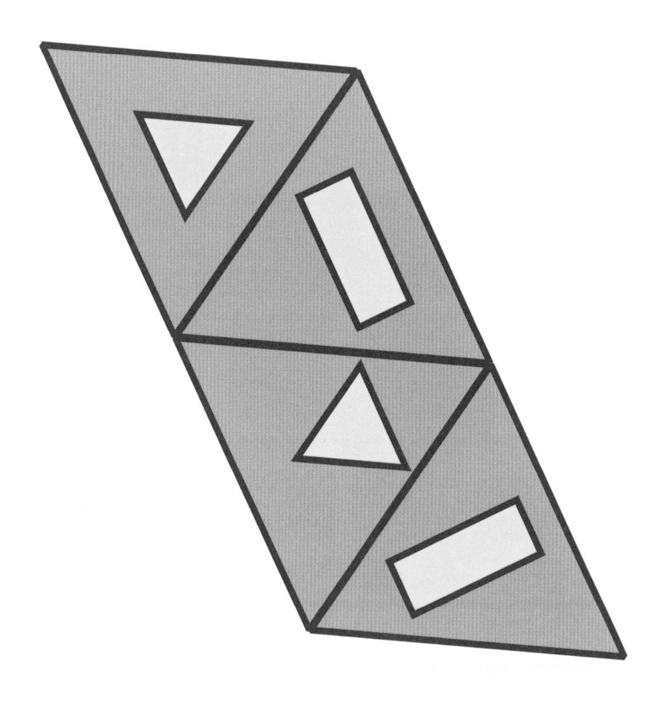

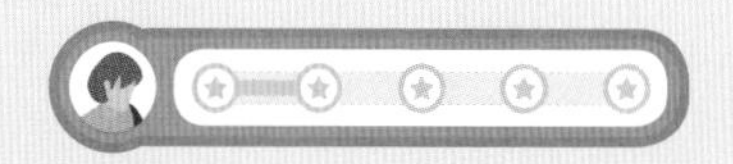

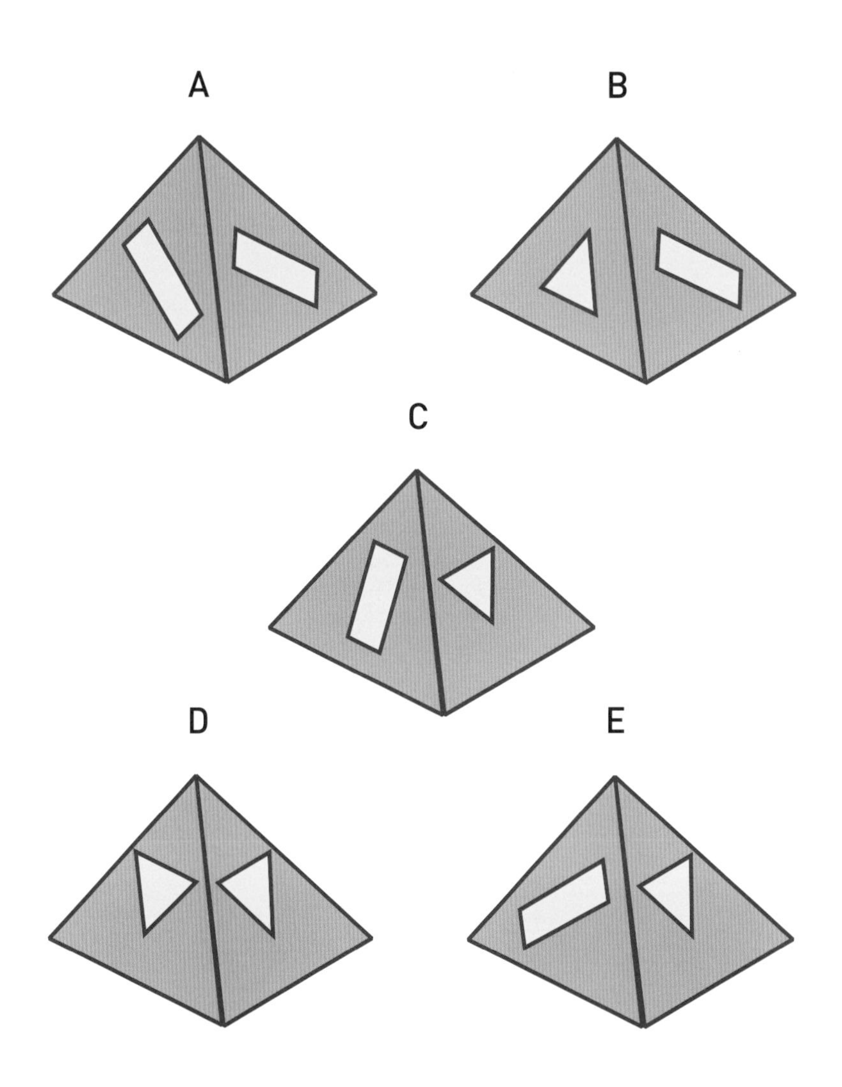

답:182쪽

꽃잎과 나뭇잎 개수가 일정한 규칙에 따라 변하고 있다. 물음표 순서에 들어갈 꽃은 어떤 모양일까?

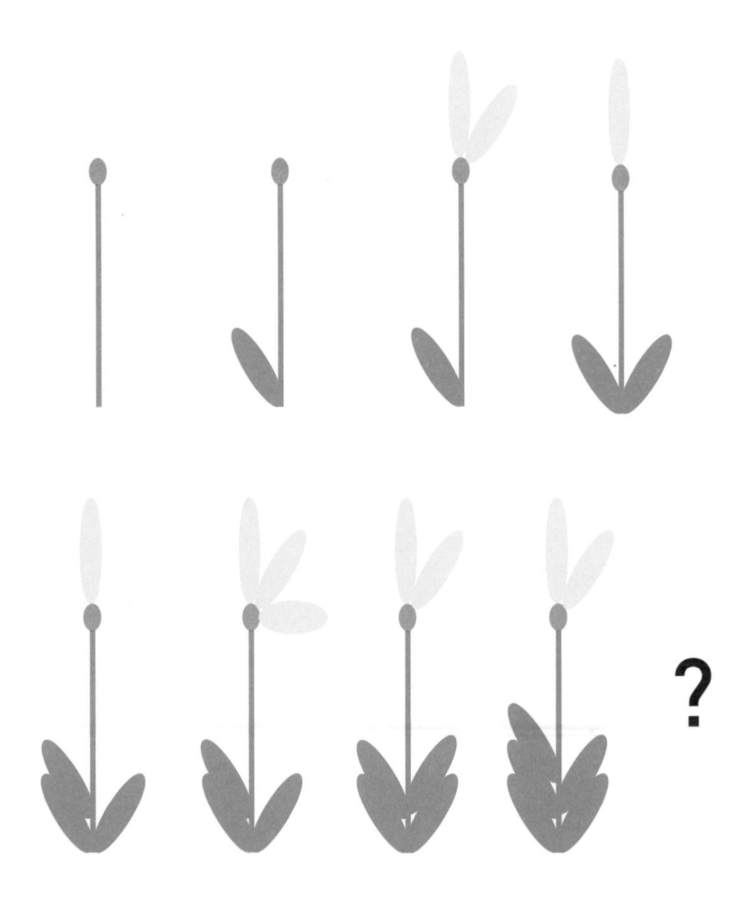

 답:182쪽

096

여덟 개의 도형 중 어느 하나만 나머지와 다르다. 그 도형은 보기 A~H 중 어느 것일까?

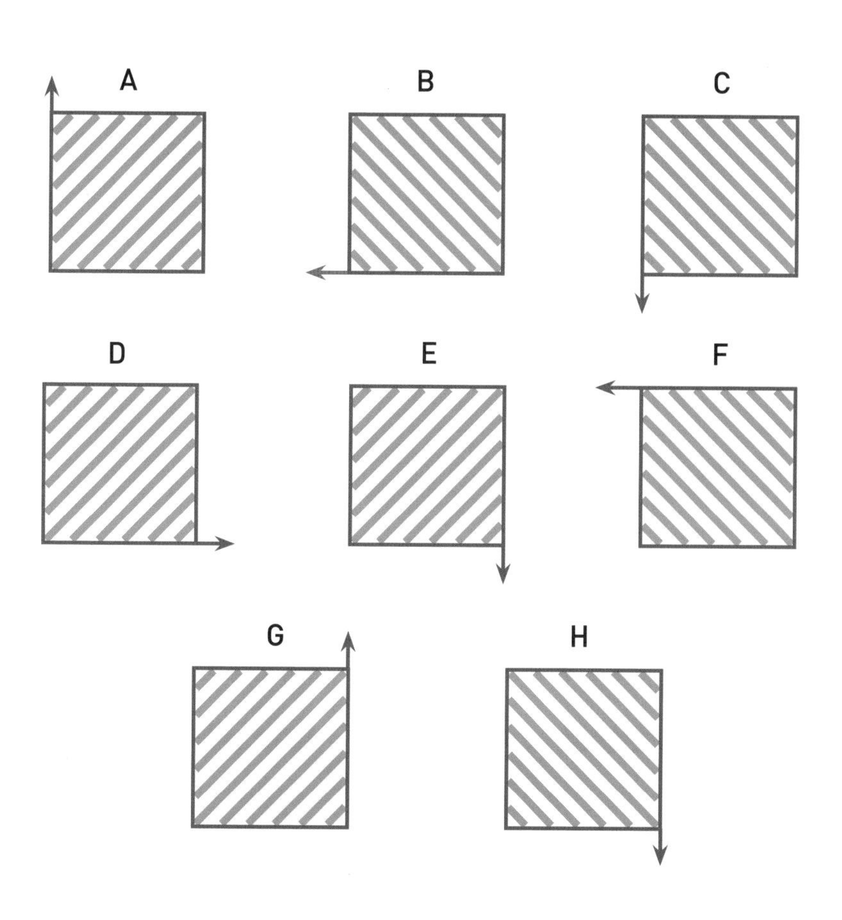

답:182쪽

097

숫자들이 일정한 규칙에 따라 배치되어 있다. 물음표 자리에 들어갈 숫자는 무엇일까?

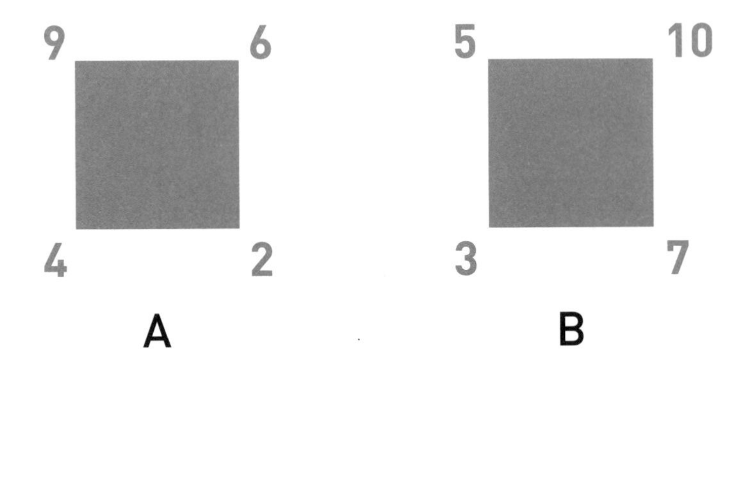

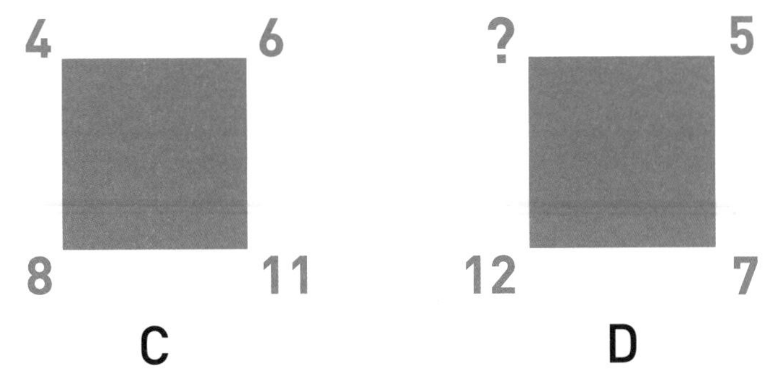

 답:182쪽

도형들이 일정한 규칙에 따라 배치되어 있다. 빈칸에 들어갈 도형은 어떤 모습일까?

답: 183쪽

099

보기 A~F 중에는 아래 전개도로 만들 수 없는 정십이면체가 두 개 있다. 무엇과 무엇일까?

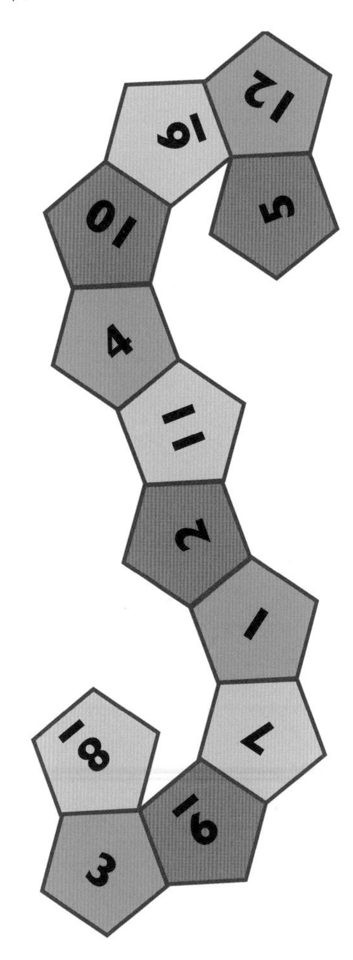

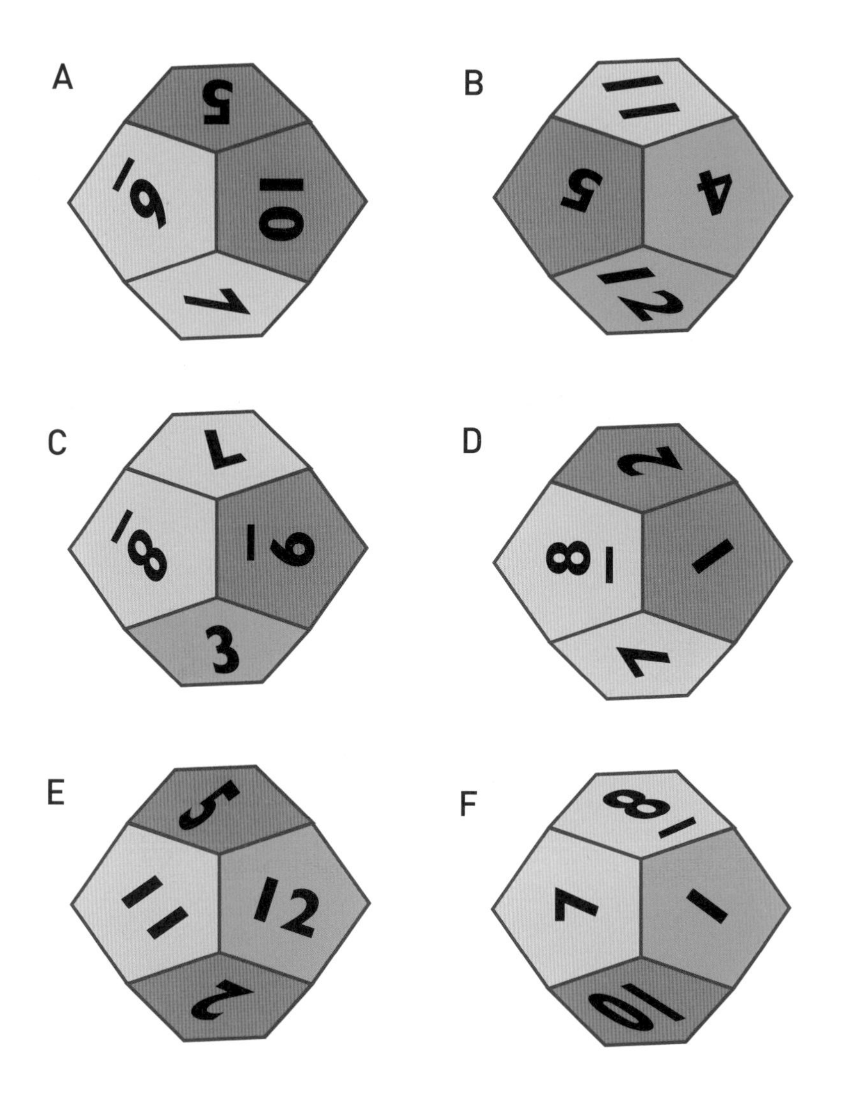

답:183쪽

각 칸에 적힌 숫자들 사이에는 일정한 규칙이 있다. 물음표 자리에 들어갈 숫자는 무엇일까?

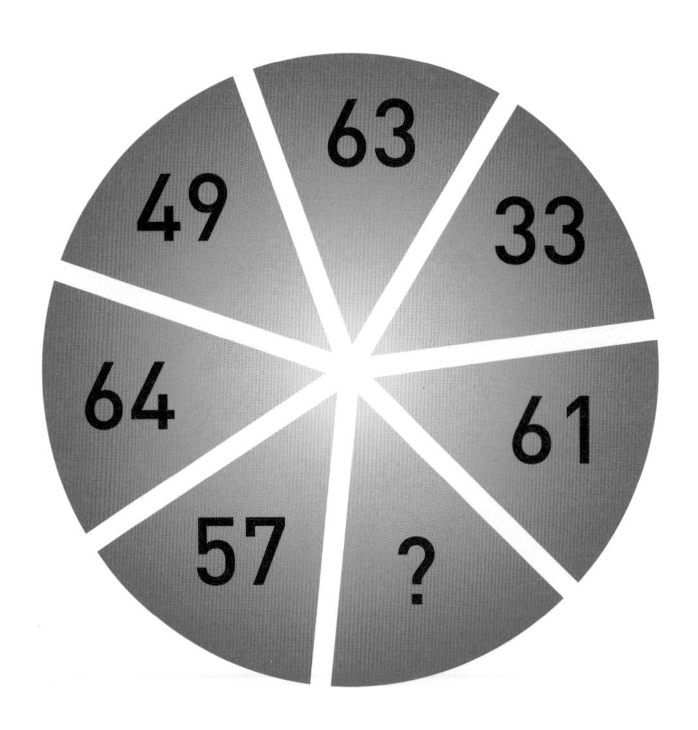

 답:183쪽

원의 여섯 조각 중 어느 하나만 나머지와 다르다. 그 조각은 보기 A~F 중 어느 것일까?

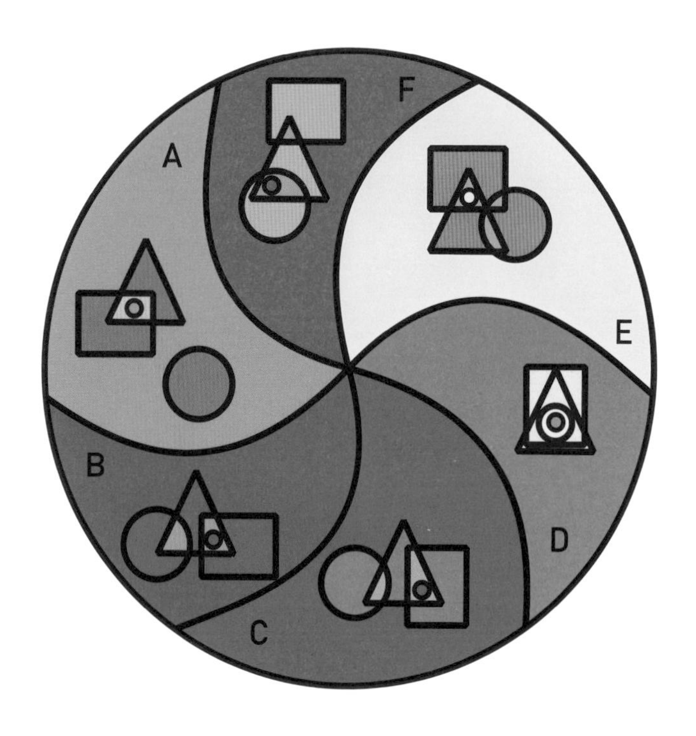

각 칸의 색은 1~9 사이의 숫자 중 하나를 나타낸다. 같은 줄에 있는 색을 모두 더하면 각 줄 바깥에 있는 숫자가 나온다. 물음표 자리에 들어갈 숫자는 무엇일까?

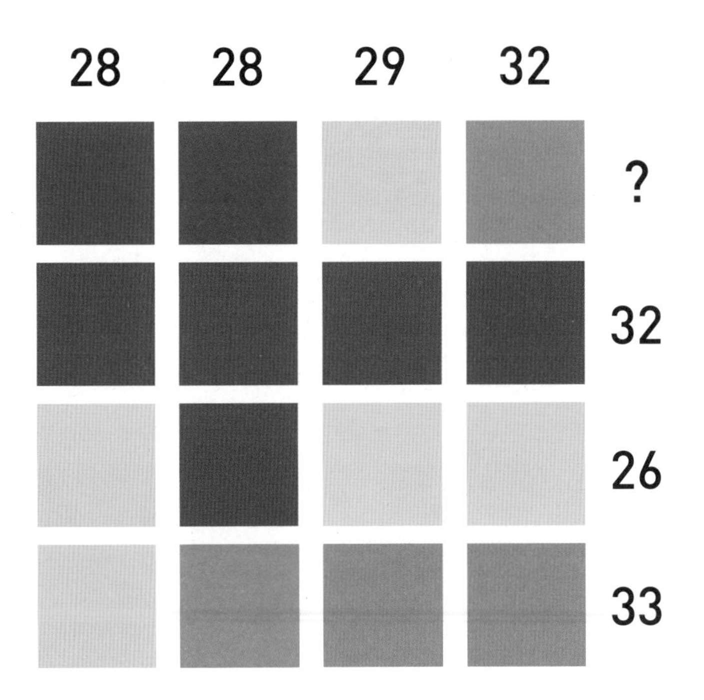

 답:183쪽

아래 그림처럼 배치된 성냥개비 중 3개를 움직여 5개의 삼각형을 만들어야 한다. 성냥개비를 어떻게 움직여야 할까?

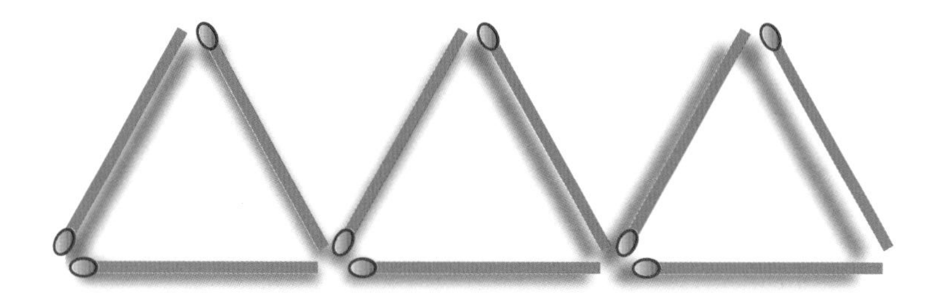

답:183쪽

104

아래 시계는 차례대로 일정한 규칙에 따라 움직인다. 물음표 자리에 들어갈 시계는 보기 A~D 중 어느 것일까?

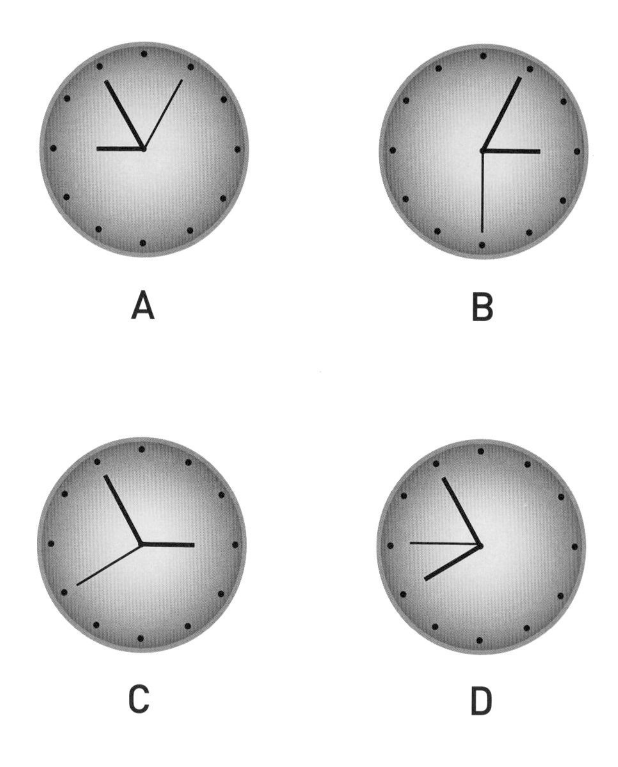
A
B
C
D

105

숫자들이 일정한 규칙에 따라 배치되어 있다. 물음표 자리에 들어갈 숫자는 무엇일까?

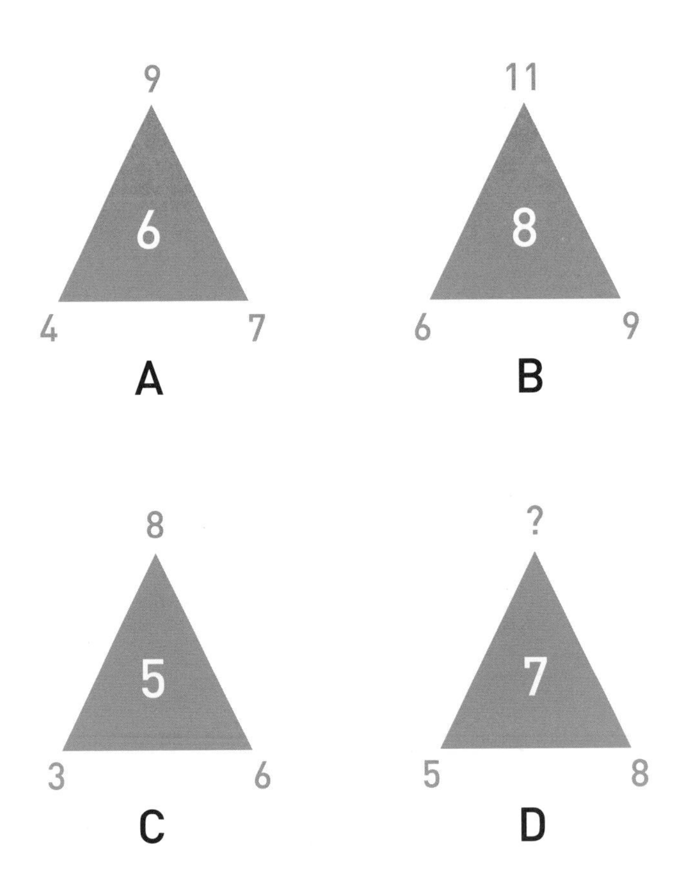

답:184쪽

106

원 안의 노란 점은 일정한 규칙에 따라 움직인다. 원 F에서 노란 점은 어디에 있을까?

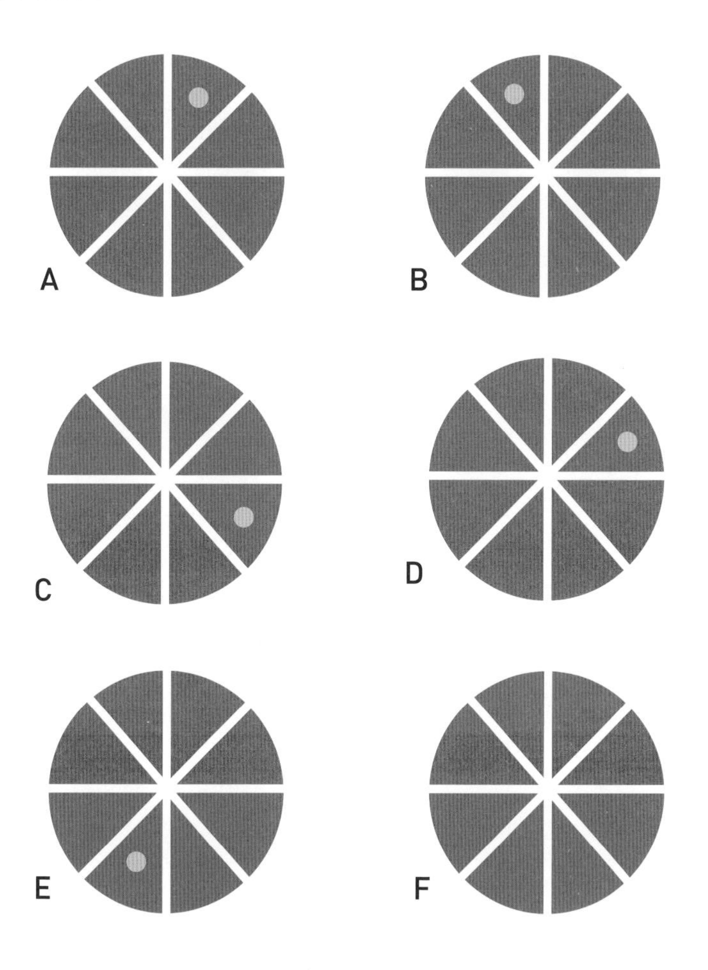

도형의 관계를 파악해보자. 빈칸에 들어갈 도형은 보기 A~D 중 어느 것일까?

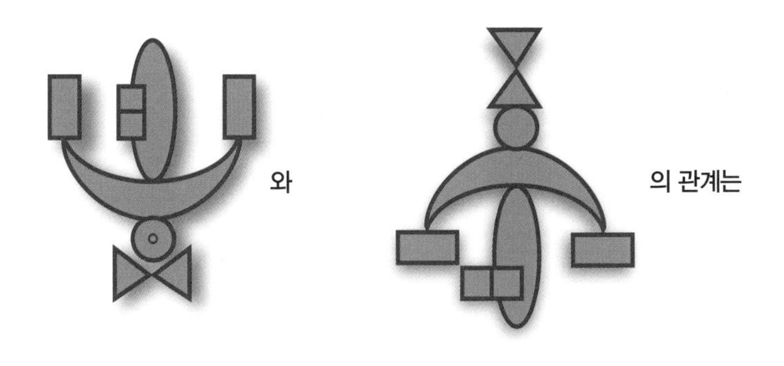

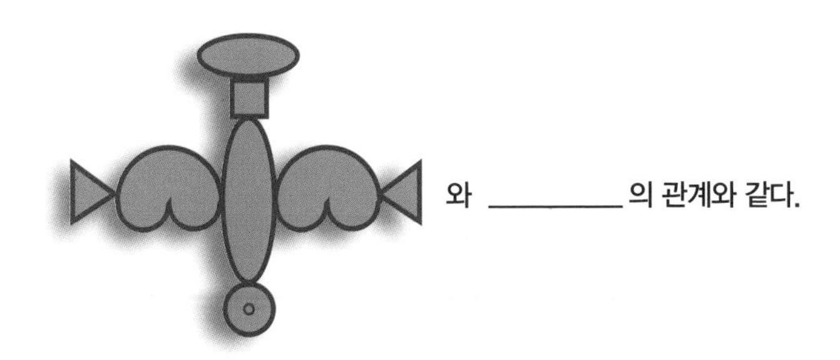

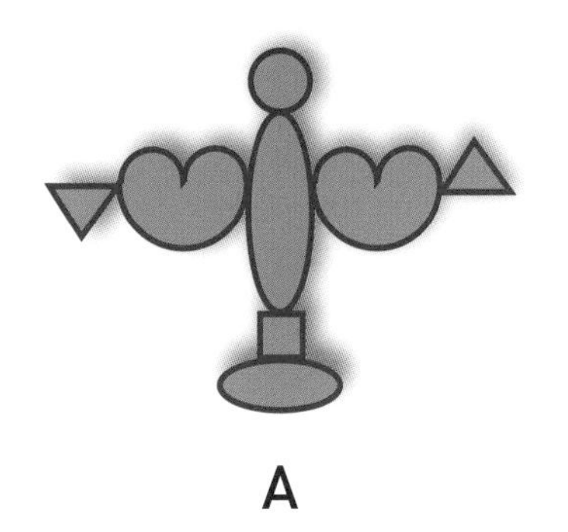

A

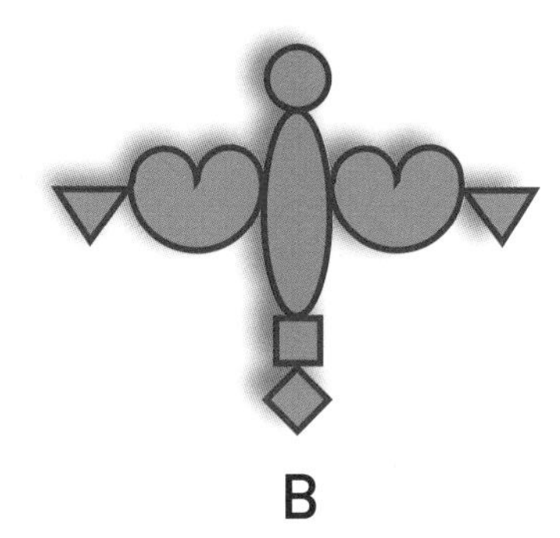

B

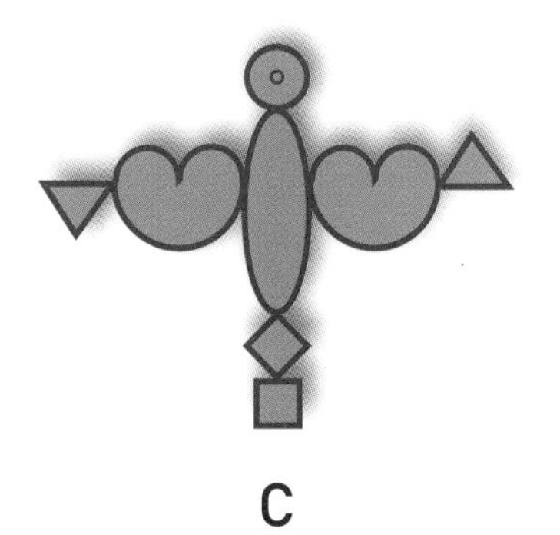

C

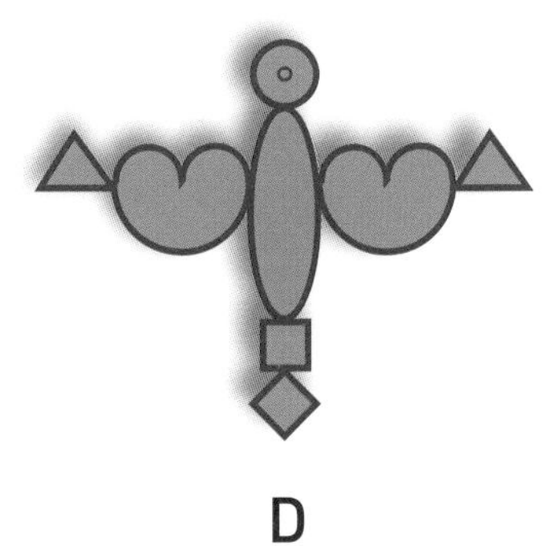

D

답:184쪽

다섯 개의 도형 중 어느 하나만 나머지와 다르다. 그 도형은 보기 A~E 중 어느 것일까?

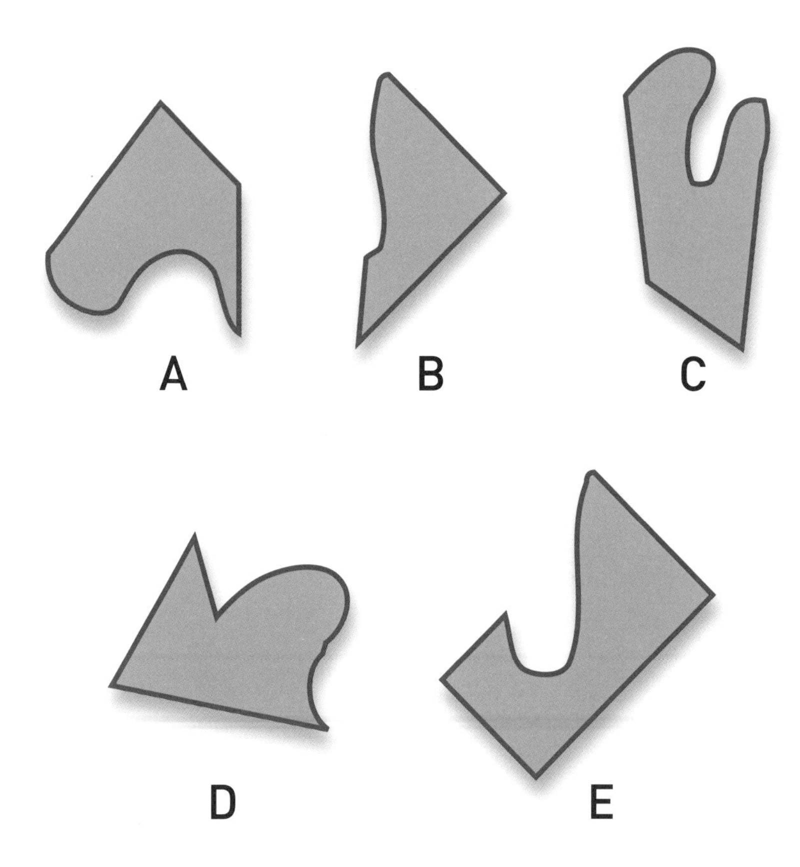

 답:184쪽

톱니바퀴 맨 아래에 통나무가 담긴 상자가 연결되어 있다. 가장 오른쪽 위에 있는 도르래를 검은 화살표 방향으로 당기면, 상자는 A, B 중 어느 방향으로 움직일까?

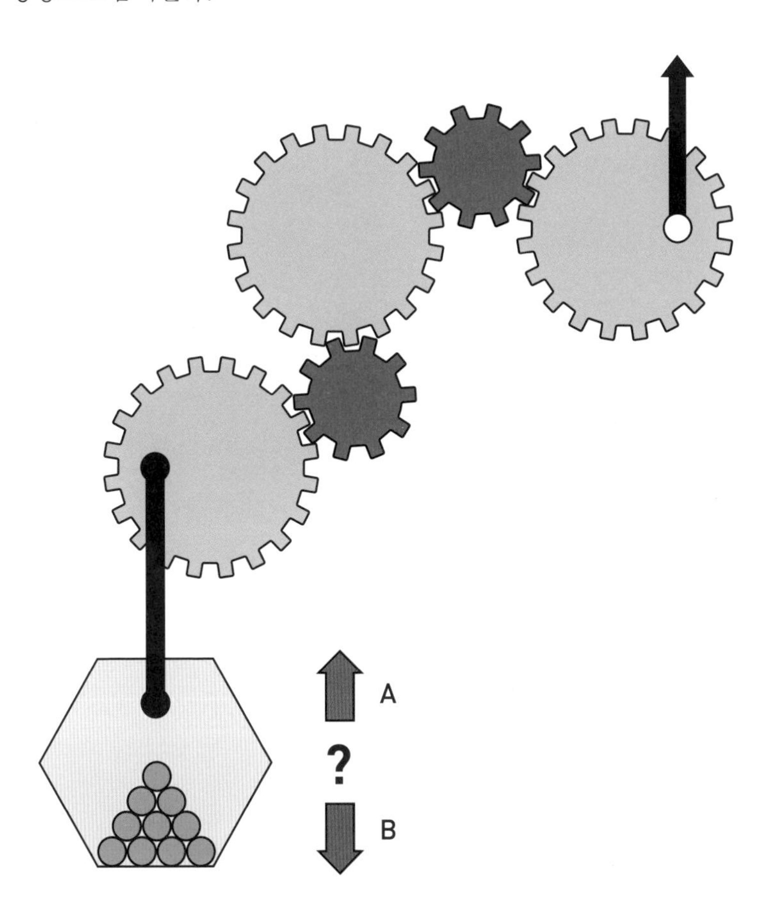

아래 전개도로 만들 수 있는 정육면체는 보기 A~E 중 어느 것일까?

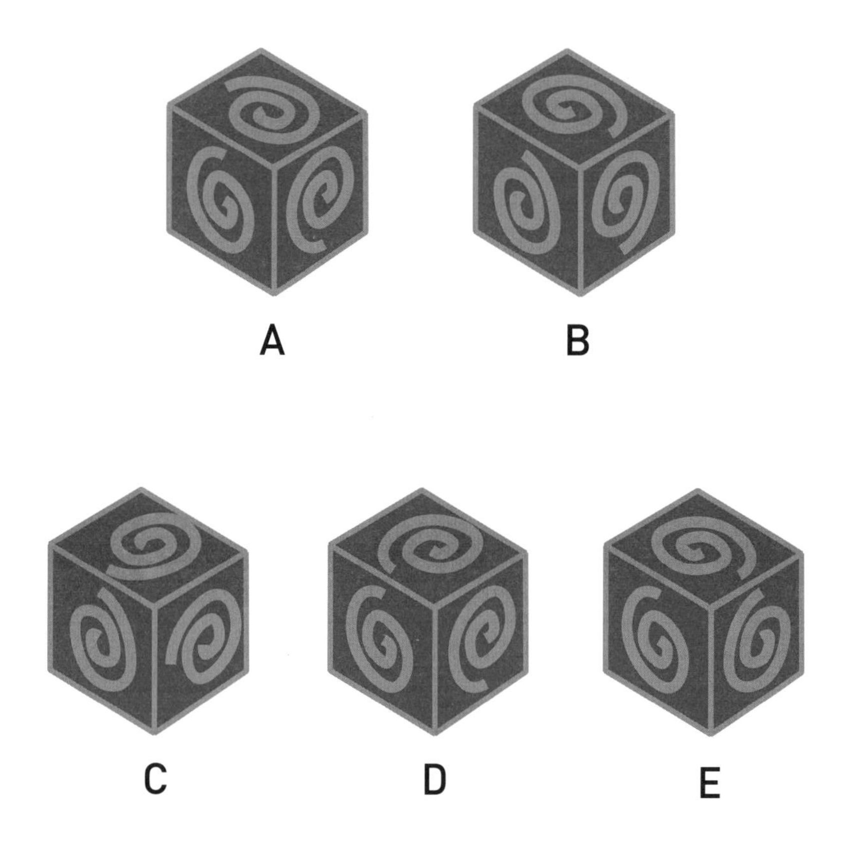

답:184쪽

각 칸에 적힌 숫자들 사이에는 일정한 규칙이 있다. 물음표 자리에 들어갈 숫자는 무엇일까?

3	3	9	3
5	8	2	1
4	3	8	1
8	2	1	?

답: 184쪽

112

보기 A~E에 작은 원을 하나씩 추가하려고 한다. 아래 그림과 같은 규칙으로 원을 추가할 수 있는 것은 보기 A~E 중 어느 것일까?

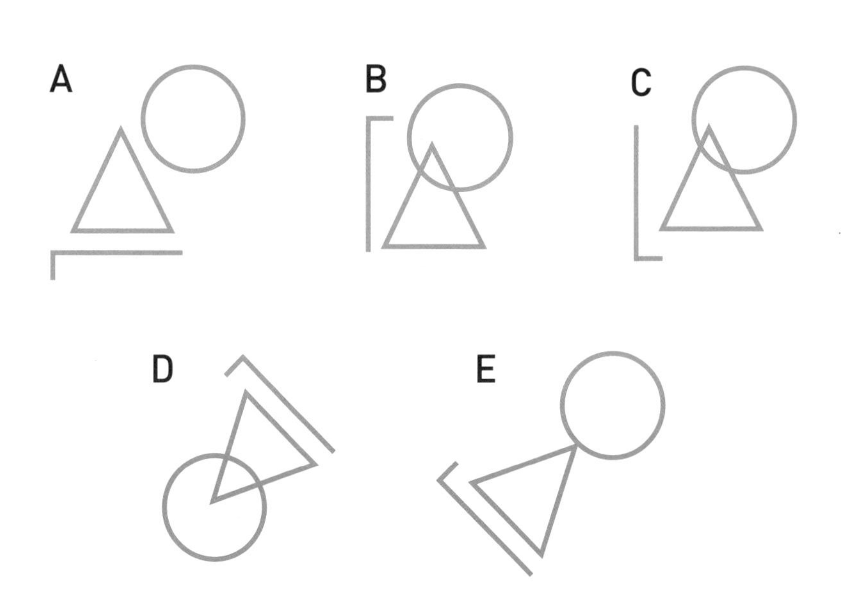

답:185쪽

113

모든 타일을 잘 배치하면 각 가로줄과 세로줄에 나열되는 숫자가 서로 똑같은 정사각형이 만들어진다. 예를 들면 첫 번째 가로줄과 첫 번째 세로줄에 나열된 숫자가 서로 같다. 타일은 뒤집거나 회전할 수 없으며 지금 놓인 모양 그대로 사용해야 한다. 타일을 어떻게 배치해야 할까?

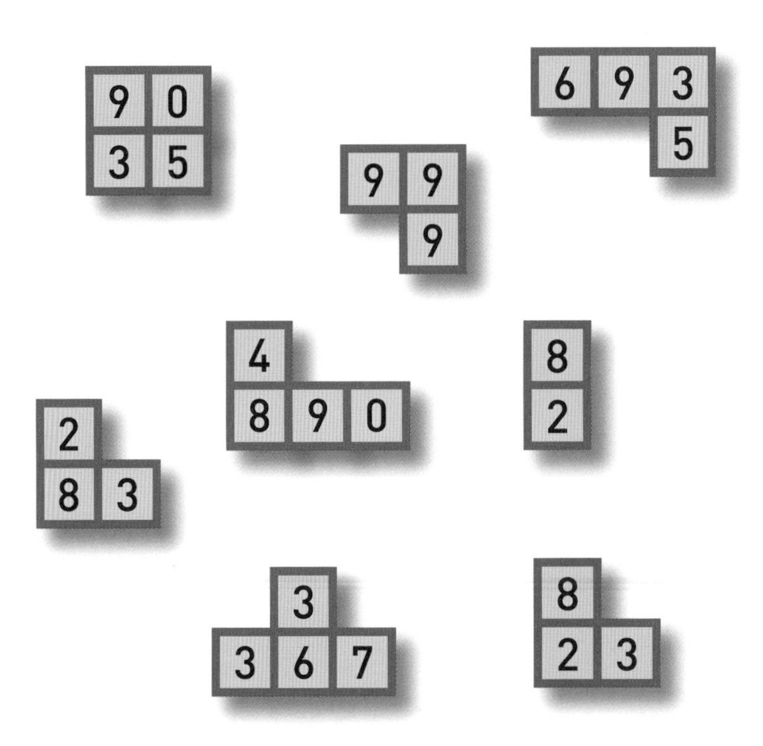

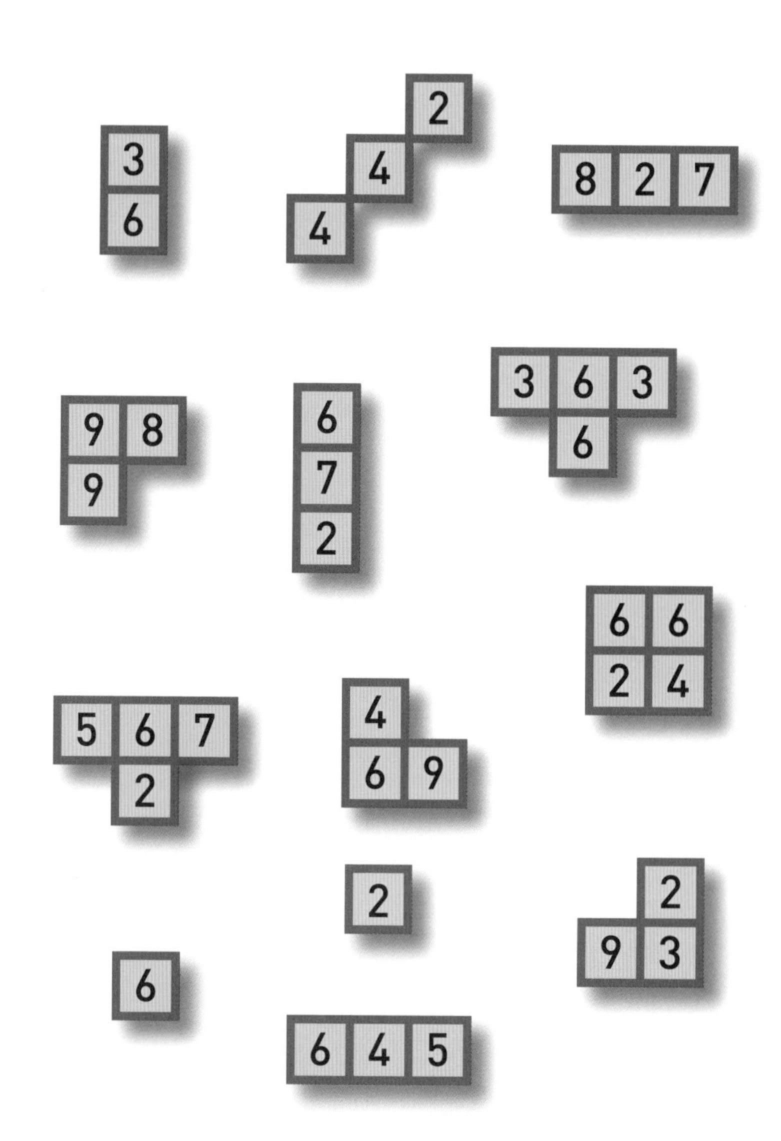

답:185쪽

각 칸의 색은 1~9 사이의 숫자 중 하나를 나타낸다. 같은 줄에 있는 색을 모두 더하면 각 줄 바깥에 있는 숫자가 나온다. 물음표 자리에 들어갈 숫자는 무엇일까?

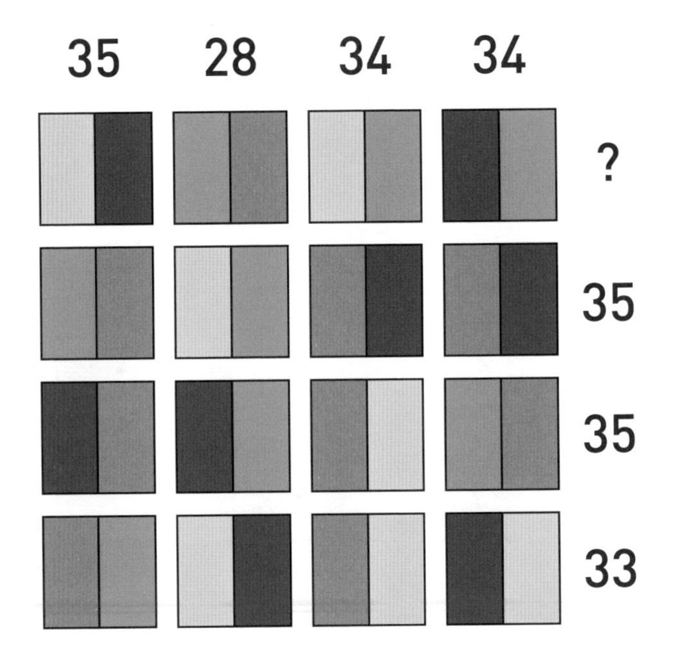

 답:185쪽

삼각형 안에 있는 도형과 바깥에 있는 숫자 사이에는 일정한 규칙이 있다. 물음표 자리에 들어갈 도형은 무엇일까?

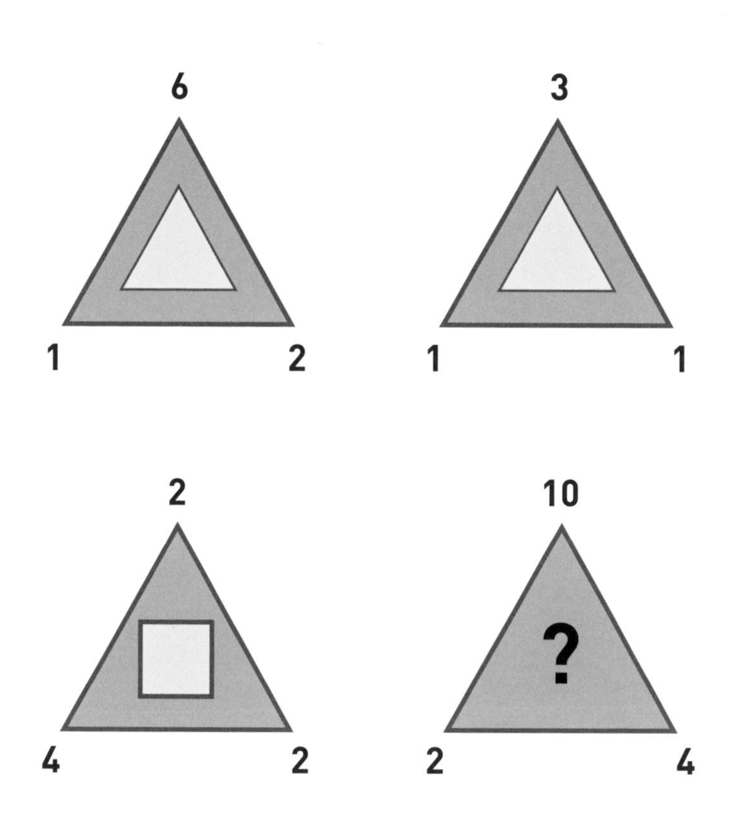

답:185쪽

116

다섯 개의 도형 중 어느 하나만 나머지와 다르다. 그 도형은 보기 A~E 중 어느 것일까?

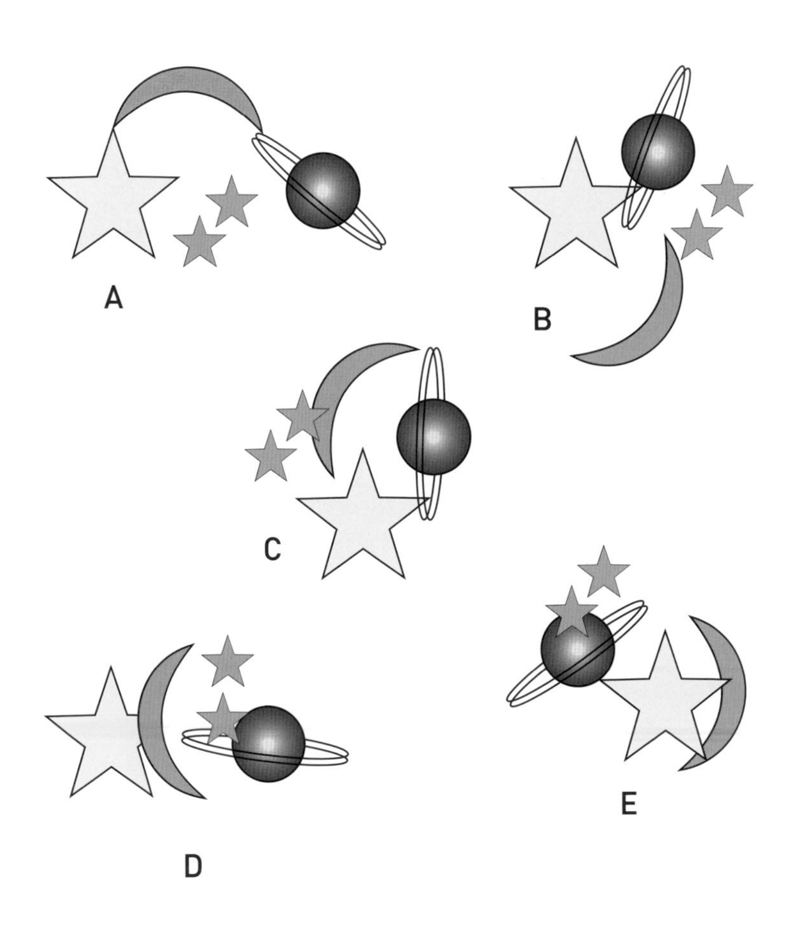

 답:185쪽

아래 도형은 차례대로 일정한 규칙에 따라 움직인다. 물음표 자리에 들어갈 도형은 보기 A~E 중 어느 것일까?

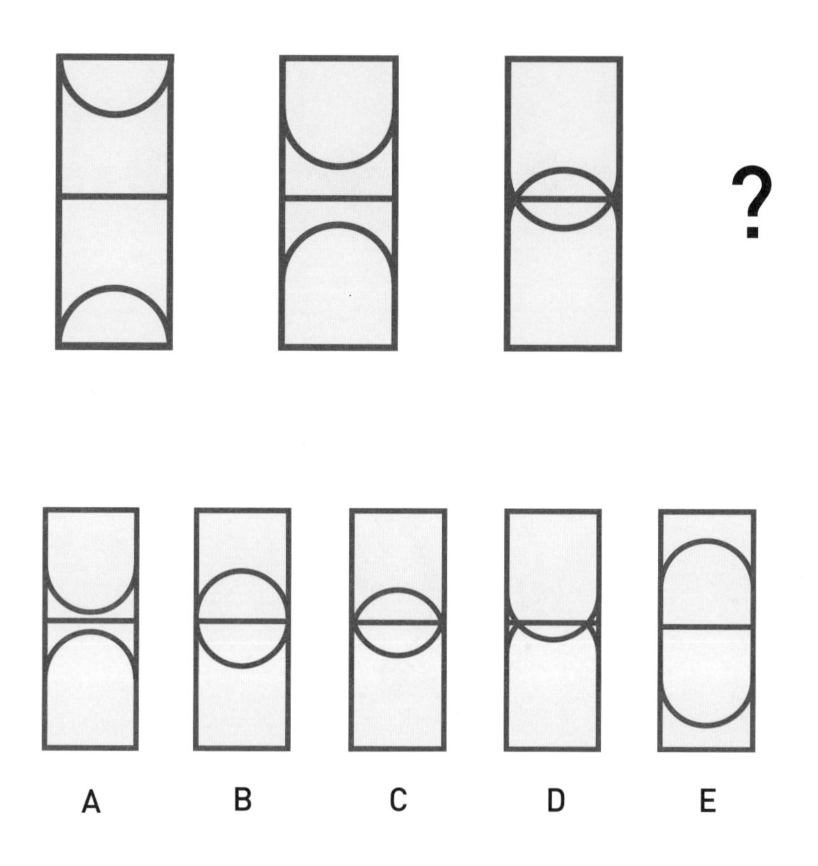

118

도형의 관계를 파악해보자. 빈칸에 들어갈 도형은 보기 A~E 중 어느 것 일까?

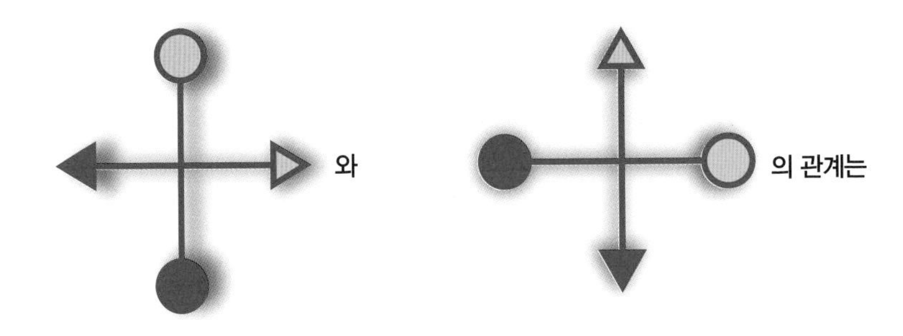

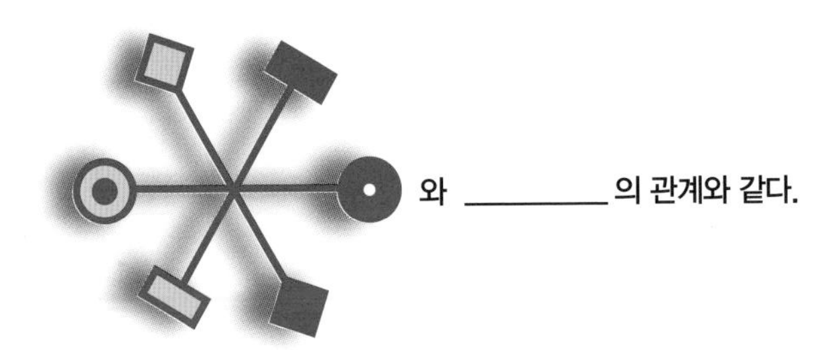

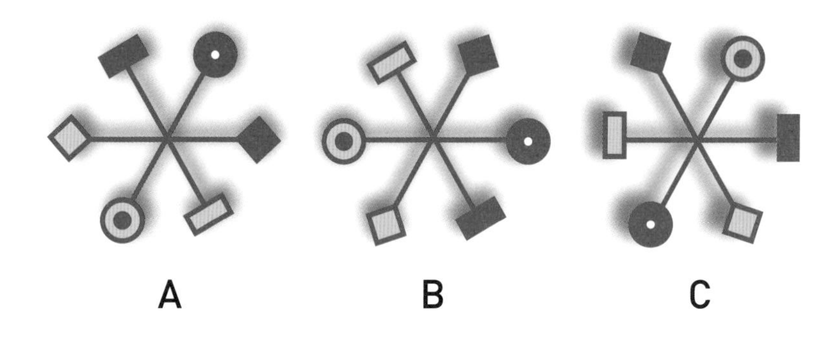

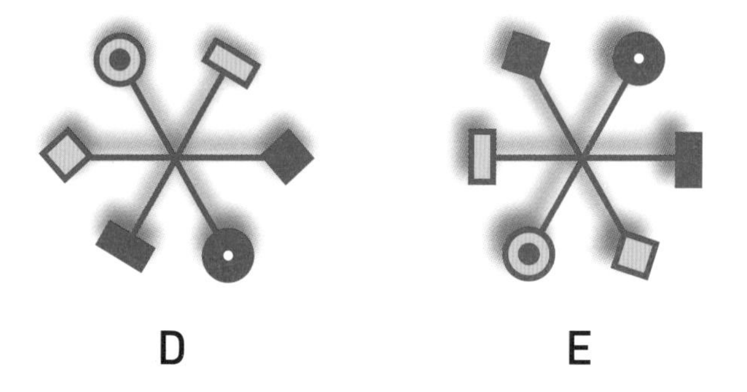

답:185쪽

삼각형에 있는 숫자와 색의 규칙을 찾아보자. 삼각형의 면과 변에 칠해진 색은 1~9 사이의 숫자 중 하나를 나타낸다. 물음표 자리에 들어갈 숫자는 무엇일까?

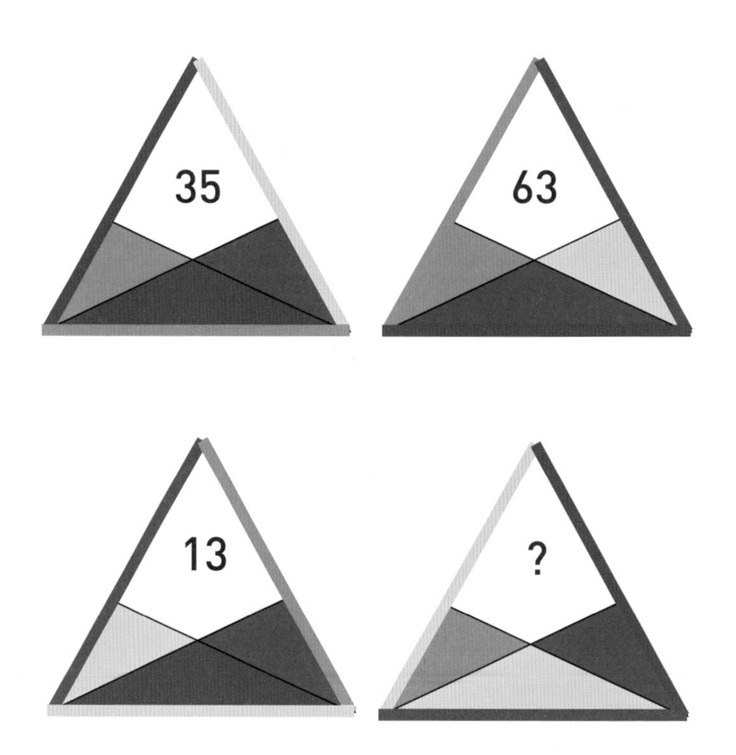

 답:185쪽

120

아래 도형은 일정한 규칙에 따라 나열되어 있다. 물음표 자리에 들어갈 도형은 보기 A~E 중 어느 것일까?

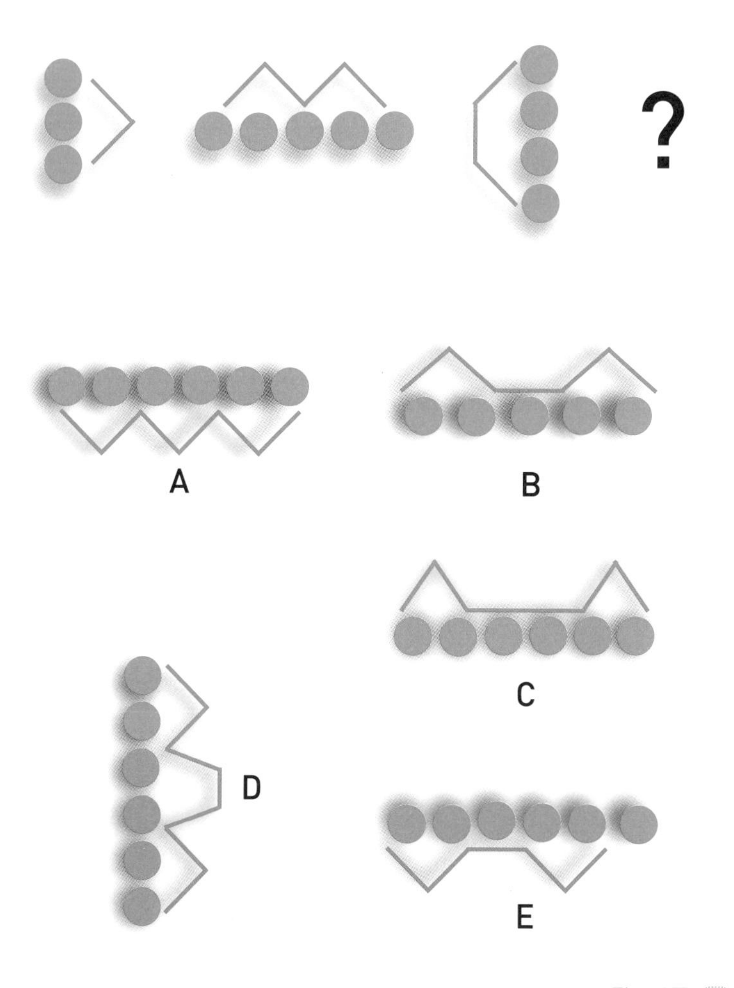

답:186쪽

열다섯 개의 도형 중 나머지와 다른 것이 하나 있다. 그 도형은 보기 A~O 중 어느 것일까?

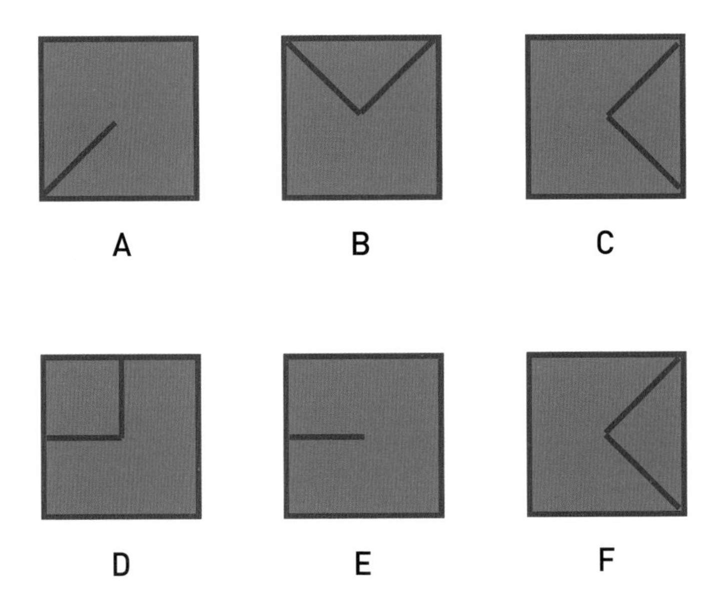

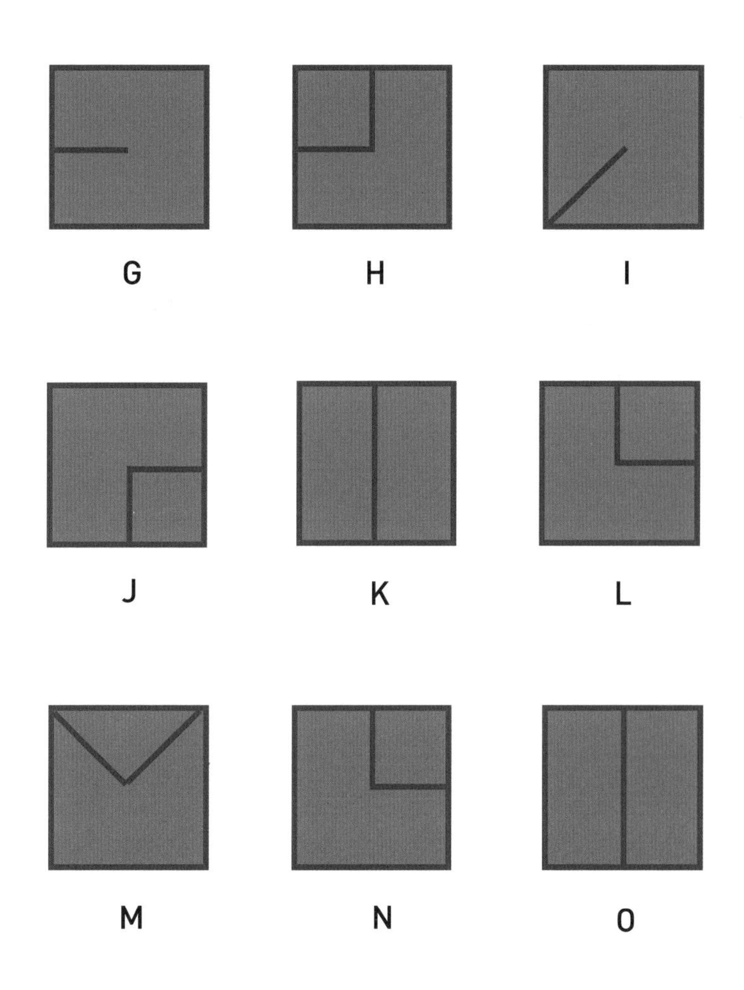

답:186쪽

숫자들이 일정한 규칙에 따라 배치되어 있다. 물음표 자리에 들어갈 숫자는 무엇일까?

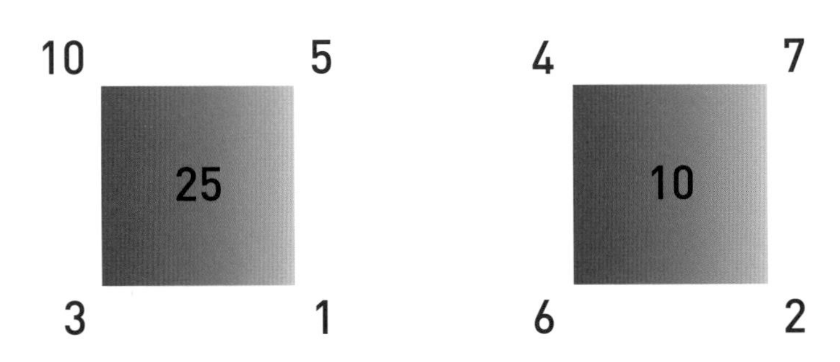

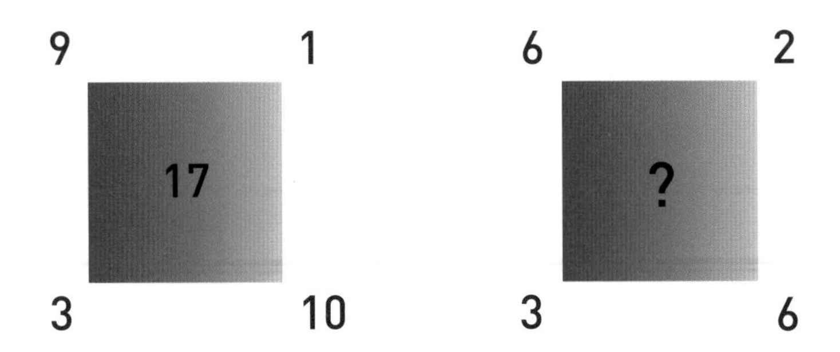

 답:186쪽

숫자들이 일정한 규칙에 따라 배치되어 있다. 물음표 자리에 들어갈 숫자는 무엇일까?

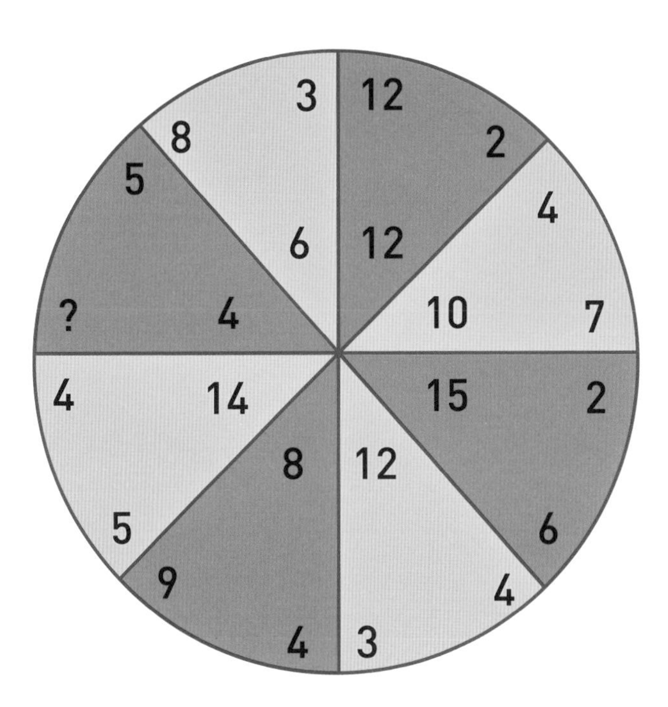

답:186쪽

124

아래 정육면체는 모두 한 정육면체를 다른 각도에서 바라본 것이다. 화살표 방향에서 바라본 X면은 보기 A~E 중 어느 것일까?

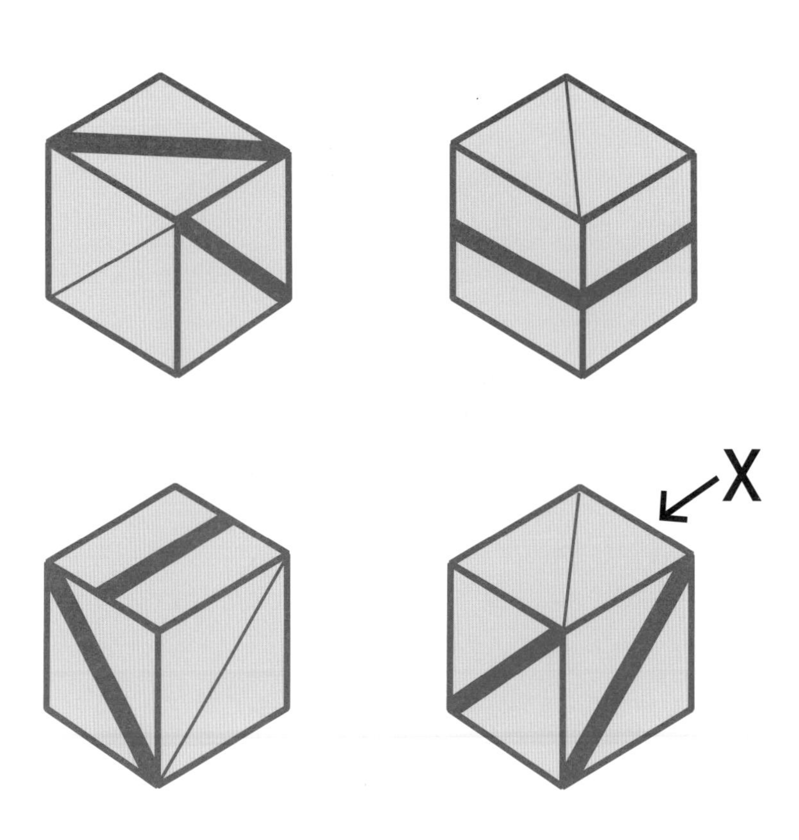

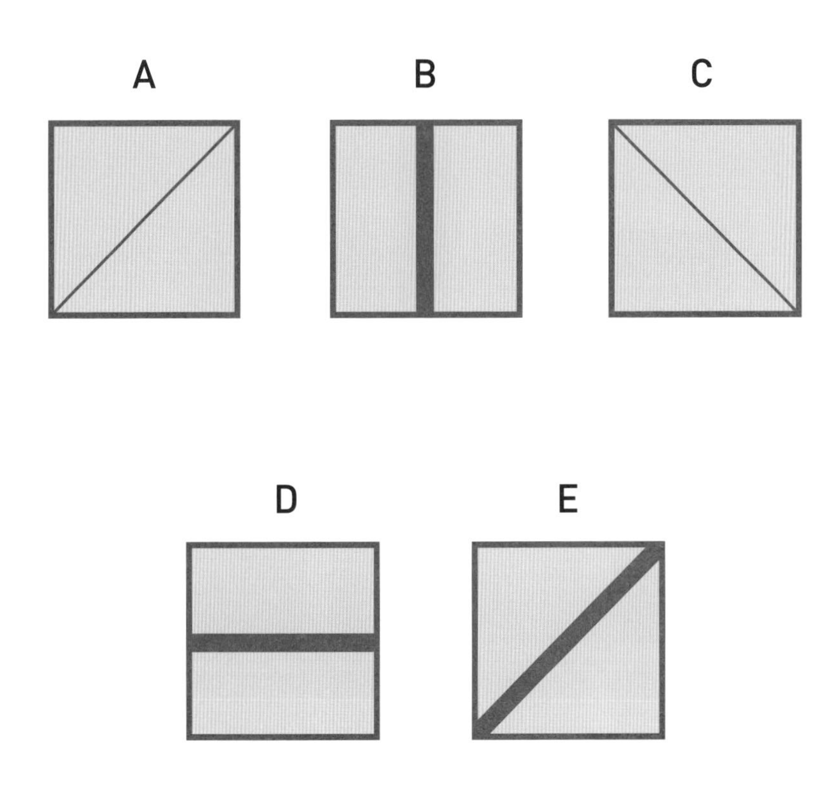

답:186쪽

각 칸의 색은 1~9 사이의 숫자 중 하나를 나타낸다. 같은 줄에 있는 색을 모두 더하면 각 줄 바깥에 있는 숫자가 나온다. 물음표 자리에 들어갈 숫자는 무엇일까?

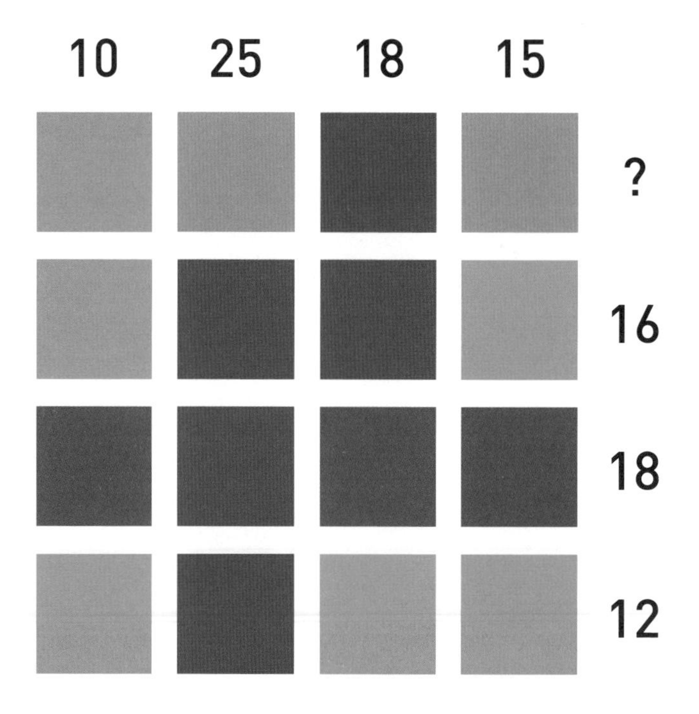

삼각형에 있는 숫자와 색의 규칙을 찾아보자. 삼각형의 면과 선에 칠한 색깔은 1~9 사이의 숫자 중 하나를 나타낸다. 물음표 자리에 들어갈 숫자는 무엇일까?

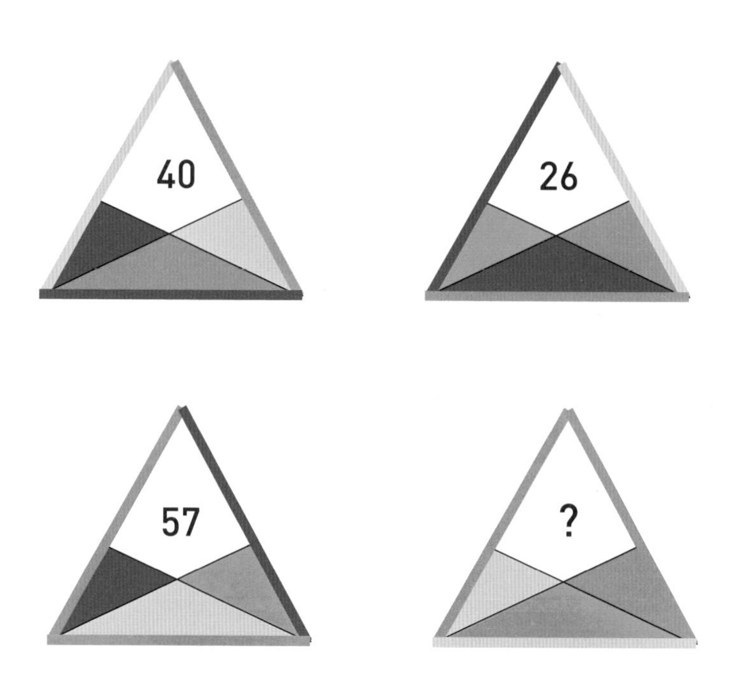

답:186쪽

삼각형 안에 있는 점은 일정한 규칙에 따라 찍혀 있다. 다섯 번째 점은 어디에 찍어야 할까?

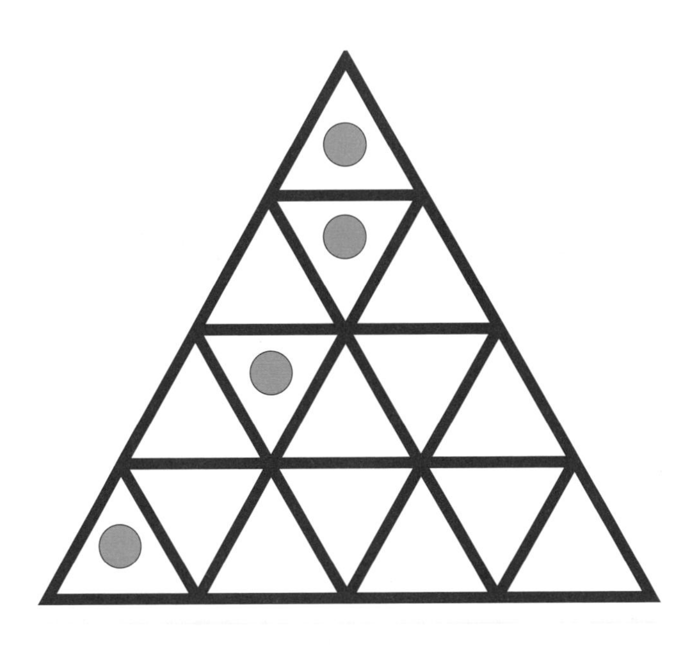

 답:187쪽

128

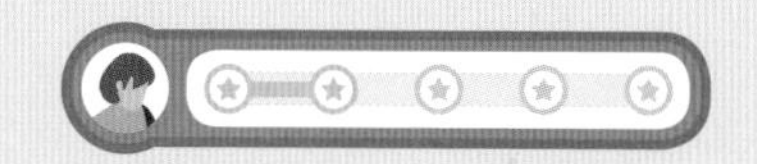

도형 속 수식이 성립하도록 물음표 자리에 알맞은 숫자를 넣어야 한다. 수식은 맨 왼쪽 아래의 8부터 시계 방향으로 진행되며 기존의 사칙연산 계산 순서는 고려하지 않는다. 어떤 숫자를 넣어야 할까?

?	-	5	x	4
÷				÷
14				6
+				-
8	=	5	+	1

답:187쪽

129

도형의 관계를 파악해보자. 빈칸에 들어갈 도형은 보기 A~E 중 어느 것일까?

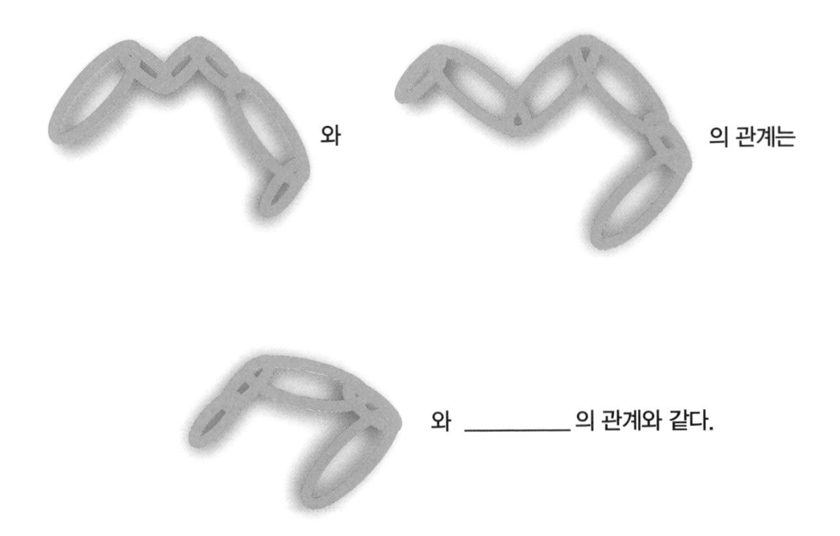

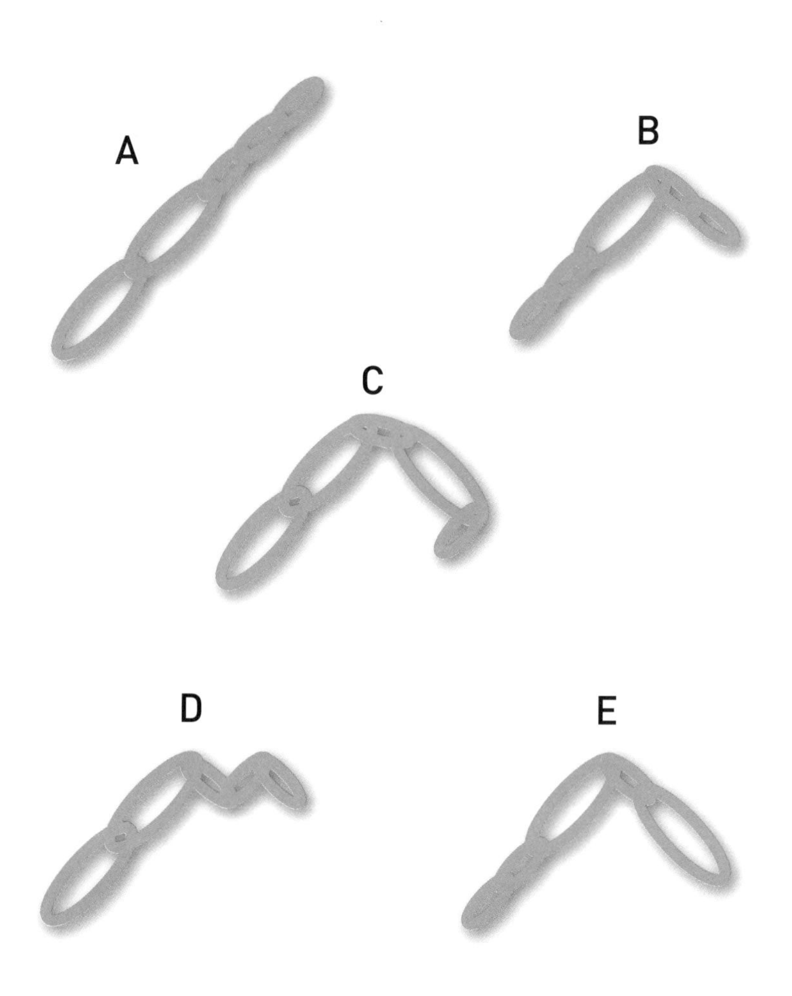
A
B
C
D
E

130

정육면체의 면 A~O 중에서 같은 알파벳이 적힌 짝을 찾아야 한다. 무엇과 무엇일까?

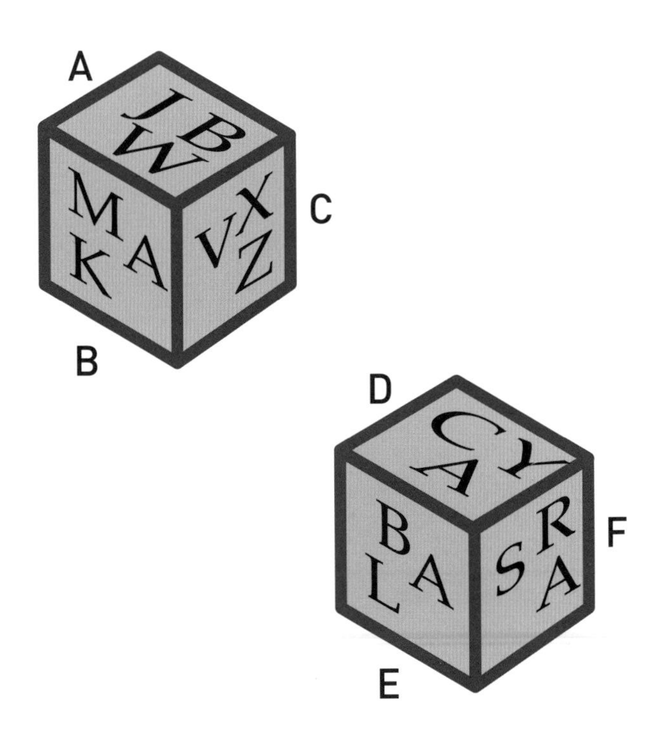

G
WI
C
G
F
H
G
M
A
I
H

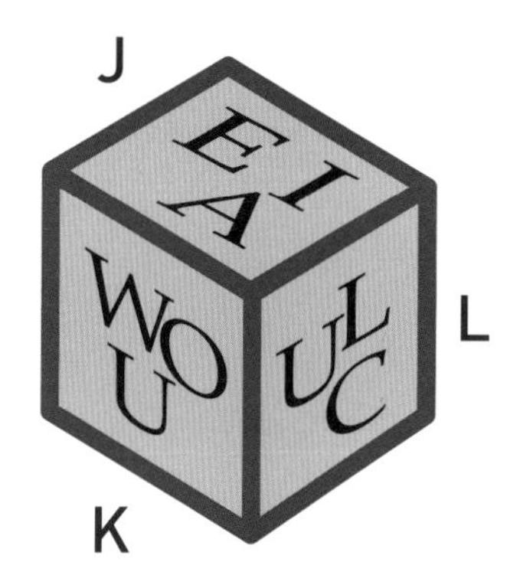
J
E I
A
WO
U
UL
C
L
K

M
BA
L
F
A
U
O
M
C
O
N

131

아래 전개도로 만들 수 있는 정육면체는 보기 A~E 중 어느 것일까?

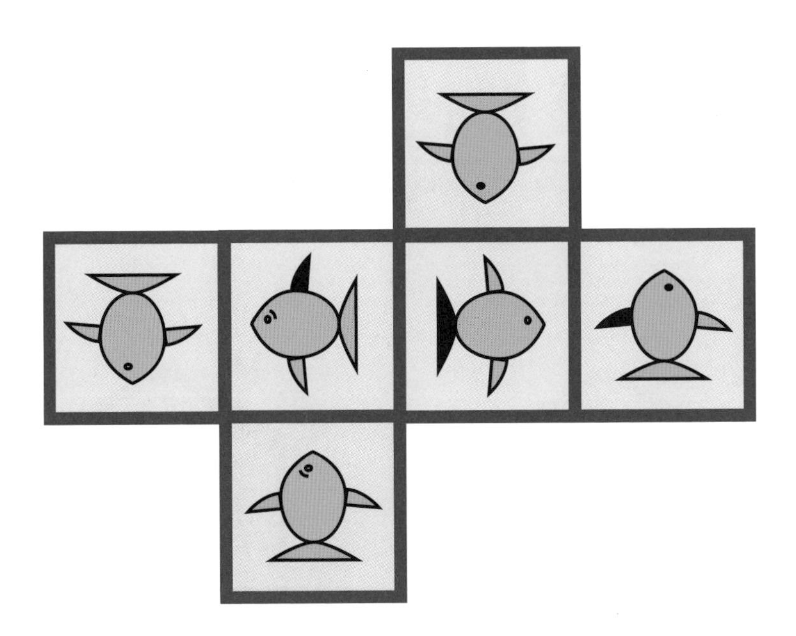

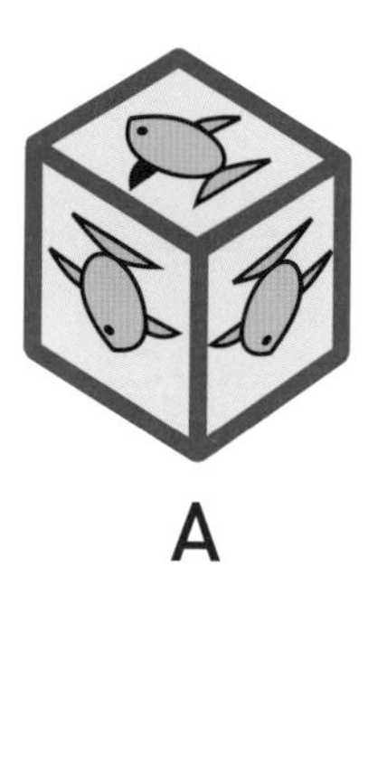

A

B

C

D

E

각 칸의 색은 1~9 사이의 숫자 중 하나를 나타낸다. 같은 줄에 있는 색을 모두 더하면 각 줄 바깥에 있는 숫자가 나온다. 물음표 자리에 들어갈 숫자는 무엇일까?

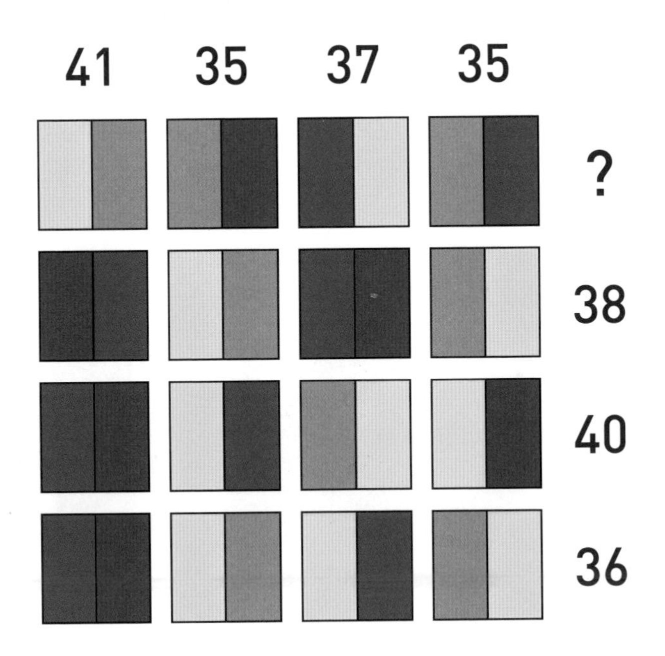

 답:187쪽

MENSA PUZZLE

멘사퍼즐 수학게임

해답

001 B와 H

002 16

다른 숫자들은 모두 3으로 나눌 수 있다.

003 위쪽 원 : +, +

아래쪽 원 : +, -

004 3

각 원에 있는 모든 숫자의 합은 30이다.

005 2

숫자는 그 칸에서 겹치는 도형의 수를 나타낸다.

006 C

삼각형 가운데의 숫자는 삼각형의 모서리에 있는 각 숫자를 제곱한 값의 합이다. C는 $6^2+2^2+1^2=41$이므로 규칙에 맞지 않는다.

007 D

008 남색 6

남색 6과 보라색 7이 차례대로 온다. 색깔은 무지개의 색 순서와 같다.

009 D

다른 모든 도형은 왼쪽의 세로선 수와 오른쪽의 세로선 수를 곱하면 짝수가 나온다.

010 (달) 4개

(구름) = 3, (달) = 5, (해) = 9

011 105

(연한 회색 사각형) = 4, (회색 사각형) = 5, (진한 회색 사각형) = 6, (중간 회색 사각형) = 7

이다. 색의 값을 같은 줄에 적힌 숫자와 더한 뒤 함께 계산한다.

012 D

013 D

화살표 위와 오른쪽에 직선이 번갈아 가며 하나씩 추가된다. 화살은 파란색과 흰색이 두 번씩 번갈아 나온다.

014 3

015 6시 50분

분침은 5, 10, 15분씩 뒤로 가고, 시침은 1, 2, 3시간씩 앞으로 간다.

016 B

017 C

다른 모든 도형은 큰 원 안에 있는 도형의 변 수와 작은 원의 수가 같다. C는 도형의 변 수보다 작은 원이 하나 더 많다.

018 11

= 2, = 3, = 4, = 5,
= 6, = 7

각 부분에 있는 두 색의 숫자를 더한 값을 시계 방향으로 다음 부분에 넣는다.

019 48

문제를 보면 미세하게 더 굵은 선이 있다. 이 선을 기준으로 숫자 네 개가 모인 2×2 정사각형 단위로 계산한다. 우선 위쪽에 있는 두 숫자를 곱해 오른쪽 아래 칸에 넣고, 그 결과에서 바로 위쪽 숫자를 뺀 결과를 왼쪽 아래 칸에 넣는다.

020 A와 L

021 15

시간을 분으로 바꿔 분과 합친 다음 10으로 나눈 몫이 선수의 번호다.

022 5 × 4 ÷ 2 + 7 = 17

023 26

다른 공에 있는 숫자들은 각 자릿수를 더하면 10이 된다.

024 8

① 각 사각형의 왼쪽 위 꼭짓점에 있는 숫자에서 왼쪽 아래 꼭짓점 숫자를 뺀다.

② 오른쪽 위 꼭짓점에서 오른쪽 아래 꼭짓점의 숫자를 뺀다.

마지막으로 ①의 값에서 ②의 값을 뺀 결과를 가운데에 넣는다.

025 C

원 안의 숫자 중 홀수는 앞뒤 자리가 바뀐다. 예를 들어 59는 95로 바뀌며 82는 바뀌지 않는다. 또한 숫자는 무작위로 재배치된다.

026 35

✓ = 3, ✱ = 6, O = 12,

‡ = 17

027 D

공식은 다음과 같다. (오른쪽 수×왼쪽 미완성 원이 완성된 원에서 차지하는 넓이의 비율)−(위쪽 수×아래쪽 미완성 원이 완성된 원에서 차지하는 넓이의 비율)=가운데 도형의 꼭짓점 수가 된다. D의 경우 $(18\times\frac{2}{3})-(12\times\frac{3}{4})=3$이므로 가운데 도형은 삼각형이어야 한다.

028 27

원 A의 숫자를 제곱한 결과를 원 B의 같은 부분에 넣는다. 그다음 원 A의 숫자를 세제곱한 결과를 원 C의 같은 부분에 넣는다.

029 ☁ 3개와 (1개 또는

(4개와 ☀ 1개

☀ = 6, (= 7, ☁ = 9

030 C

분침은 5분씩, 시침은 3시간씩 앞으로 간다.

031 B

032 B

다른 모든 도형은 세 개의 상자가 가로 또는 세로로 한 줄에 줄지어 있다.

033 2

무게의 일의 자리 숫자에서 십의 자리 숫자를 뺀다.

034 B

점은 −1, +2를 반복하며 진행되고, 도형은 점의 개수를 기준으로 움직인다. 점이 −1되면 시계 반대 방향으로 90도 회전하며, 점이 +2가 되면 위아래와 좌우가 모두 뒤집힌다.

035 **위쪽 원: ×, ÷**

아래쪽 원: ÷, ×

036 **384**

가장 오른쪽 위 숫자인 3에서 시작한다. 3을 기준으로 아래로 내려가면서 4를 곱하고 2로 나누는 것을 반복한다. 맨 아래까지 진행하고 나면, 왼쪽 옆 숫자로 이동해 위로 올라가면서 같은 규칙을 반복한다.

037 D

다이아몬드 모양의 닫힌 도형을 이룬다. 나머지 보기는 모두 열린 도형이다.

038 **노란색 = 7, 파란색 = 8,**

초록색 = 9

039 **B, F, N**

040

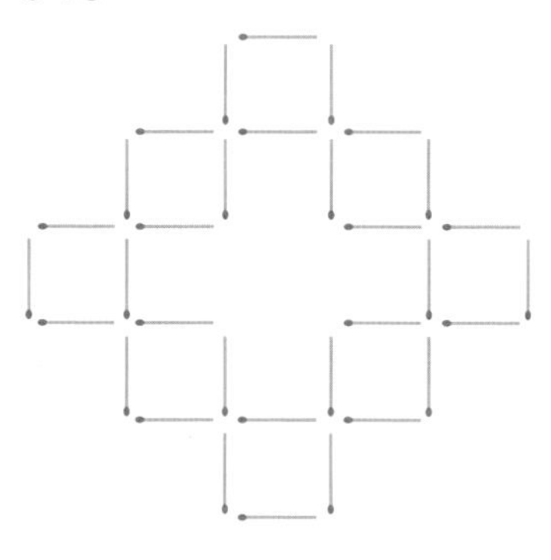

이외에도 다양한 답이 있다. 다른 해답들도 찾아보자.

041 **42**

오른쪽 위 숫자를 왼쪽 아래 숫자로 곱하거나 왼쪽 위 숫자를 오른쪽 아래 숫자로 곱해 사각형 안에 넣는다.

042 **B**

다른 도형은 도형을 이루는 선의 개수가 모두 짝수다.

043 **↑ 1개**

044 **A**

첫 번째 사각형에서 각 변 끝에 있는 두 숫자를 합해 그 결과를 두 번째 사각형의 꼭짓점에 넣는다. 첫 번째 사각형의 모든 꼭짓점의 합을 두 번째 사각형 안에 넣는다.

045 **20**

시와 분의 숫자를 곱한 후 3으로 나누면 번호를 구할 수 있다.

046 **A**

각 원의 X는 순서가 진행되면서 하나씩 늘어나며, 인접한 원의 첫 번째와 마지막 X가 같은 직선상의 위치에 있다.

047 **C**

048 9

원 B와 원 C에서 같은 위치에 있는 숫자를 곱한 다음, 원 A의 시계 방향으로 다음 조각에 그 결과를 넣는다.

049 D

D만 초록색 도형이 두 개 있다.

050 B

분침은 15분씩 뒤로 가고, 시침은 3시간씩 앞으로 간다.

051 G

052 56

사람 형상으로 가정하고 머리×왼발÷허리=오른손, 머리×오른발÷허리=왼손의 규칙이 적용된다.

따라서 물음표 자리에 들어갈 숫자는 14×20÷5=56이다.

053 13

054 C

각 행과 열은 주황색 사각형 두 개, 초록색 사각형 두 개씩을 포함해야 한다.

055 3:13

A부터 출발 시간에서 도착 시간을 뺀 값이 다음 자전거의 도착 시간이다.

따라서 C 자전거의 5시 24분에서 2시 11분을 빼면 D 자전거의 도착 시간인 3시 13분이 된다.

056 C

삼각형의 각 꼭짓점에서 시작한 곡선이 중앙으로 이동하면서 크기도 일정하게 커진다.

057 C

다른 보기는 세 도형 중 작은 두 도형을 합치면 남은 큰 도형이 된다.

058 $(6+7+11) \div 3 \times 2 + 5 - 12 = 9$

059 E

노란 도형이 빨간 도형의 중앙 세로선을 기준으로 뒤집혀 있다.

060 3

숫자들은 다음 정사각형으로 이동할 때 시계 반대 방향으로 한 칸씩 이동한다. 그때마다 각 숫자가 2씩 줄어든다.

061

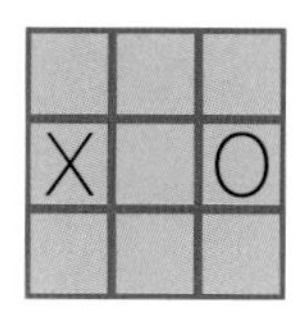

기호들은 서로 반대쪽 끝에서 시작해 시계 방향으로 1칸과 2칸을 번갈아 이동한다.

062 R

서로 마주 보는 알파벳의 순서를 파악한다. F, K, I의 순서값에 2를 곱하면 마주 보는 알파벳의 순서값이 나온다. 예를 들어 서로 마주 보는 F와 L은 각각 6번째, 12번째 알파벳이므로 6×2=12가 된다. 물음표와 마주 보는 I는 9번째 알파벳이므로 9×2=18이다.

즉 물음표 자리에는 18번째 알파벳인 R이 들어가야 한다.

063 **앞으로, 뒤로, 앞으로, 뒤로.**

3시 45분에서 차례대로 1시간 앞으로, 3시간 30분 뒤로, 6시간 30분 앞으로, 2시간 15분 뒤로 가면 5시 30분이 된다.

064 A

065 91

나머지는 모두 소수다.

066 **44**

숫자는 12시 방향부터 시계 방향으로 한 칸 건너뛰면서 2씩 늘어난다. 단, 네 번째 단계에서만 두 칸을 건너뛴다. 단계가 진행되면서 원 A는 2씩, 원 B는 3씩, 원 C는 4씩 늘어난다.

067 **노란색 또는 초록색**

도형 아래의 숫자는 각 도형 안에 있는 모든 색의 합이다.

= 6, = 3, = 4, = 10

으로 계산하면 답은 초록색이 되고,

= 2, = 5, = 10, = 6

으로 계산하면 답은 노란색이 된다.

068 **11**

위부터 아래까지 소수가 차례대로 들어간다. 높이가 같으면 왼쪽부터 들어간다.

069 **D**

070 **a**

열기구 번호에서 첫 번째 숫자와 마지막 숫자를 곱한다. 곱한 수에서 두 번째 자리에 있는 수를 뺀 것이 시간이 되고, 곱한 수에서 세 번째 자리를 더한 것이 분이 된다.

따라서 $5 \times 4 = 20$에서 7을 뺀 13은 시가 되고, 9를 더한 29는 분이 된다.

071 **C**

다른 도형은 가장 큰 모양과 가장 작은 모양이 서로 같다.

072 **C**

모든 원과 정사각형은 서로 도형을 바꾸며, 그림에서 가장 큰 도형 안에 있는 모든 도형이 사라진다.

073 $(4 \times 7 \div 2 + 8 + 9) \times 6 \div 3 = 62$

074 **27**

각 정사각형 바깥에 있는 숫자를 모두 더한다. 노란색 정사각형이면 그 값에서 5를 더하고, 파란색 정사각형이면 5를 뺀다. 그런 다음 위아래에 있는 색이 다른 정사각형 안에 그 결과를 바꿔 넣는다.

075 **조각 수가 두 개인 원**

각 행마다 1열의 조각 수와 3열의 조각 수를 더한다. 더한 조각의 수를 만족하는 원을 2열에 그린다.

076

077 **D**

도형은 시계 반대 방향으로 180도, 90도를 번갈아 가며 돌린다. 원과 정사각형은 위치를 바꾸고, 다이아몬드와 직사각형은 도형이 90도 회전할 때마다 색을 바꾼다.

078 **18**

원의 각 조각에서 바깥쪽에 있는 숫자를 곱한 후 나오는 값의 자릿수를 바꿔 시계 방향으로 다음 조각의 안쪽에 넣는다.

079 **B**

다른 보기는 모두 도형을 이루는 곡선과 직선의 수가 같다.

080 **C**

081 **9시 5분**

분침은 25분씩 앞으로, 시침은 5시간씩 뒤로 간다.

082 **B**

도형을 시계 방향으로 90도 돌린다.

083 **C**

084 987m²

트랙터 번호와 넓이를 곱한 값이 무게로 나타난다. 단, 각 트랙터가 수확한 감자의 무게는 무작위로 섞여 있다. 따라서 다른 트랙터들의 번호와 넓이를 곱한 값과 제시된 무게들을 대조해본다. 짝을 이루지 않는 숫자는 3번 트랙터의 무게인 9870이므로 9870을 트랙터 번호인 10으로 나누면 물음표 자리에 들어갈 넓이를 구할 수 있다.

085 1956

삼각형 맨 위 꼭짓점 숫자부터 시계 방향으로 다음 윤년이 들어간다. 이때 다음 삼각형으로 이동할 때마다 윤년인 연도를 하나씩 건너뛴다.

086 B

선과 면이 교차하면서 삼각형을 이루지 않는다.

087 C

가장 안쪽의 작은 부분은 시계 방향으로 90도 회전한다. 중간 부분은 회전하지 않고 위치를 그대로 유지한다. 가장 바깥쪽의 큰 부분은 시계 반대 방향으로 90도 회전한다.

088 11

큰 숫자에 있는 꼭짓점의 개수에 3을 곱한 다음 큰 숫자를 빼면 아래에 적힌 수가 나온다.

따라서 답은 $6 \times 3 - 7 = 11$이다.

089 64

각 정사각형에서 대각선으로 마주 보는 꼭짓점의 수를 각각 곱한 후, 나온 두 수를 더한다. 그 결과를 시계 방향으로 다음에 오는 사각형 안에 넣는다.

090 B

정사각형은 원형으로, 삼각형은 사각형으로, 원형은 삼각형으로 바뀐다.

091 **22 : 14 : 51**

시간은 3, 4, 5, 6시간씩 뒤로 간다. 분은 4분, 8분, 16분, 32분씩 앞으로 간다. 초는 1초, 2초, 3초, 4초씩 뒤로 간다. 따라서 다섯 번째 시계의 시간은 21시, 분은 74분, 초는 51초다. 이를 다시 정리하면 22:14:51이 된다.

092 **B**

다른 도형은 가장 작은 원이 더 큰 원 안에 있다.

093 **19**

= 3, = 4, = 5, = 7

094 **A**

095

이동할 때마다 차례대로 잎 한 개를 넣고, 꽃잎 두 개를 넣고, 꽃잎 한 개를 빼면서 잎 한 개를 추가하는 규칙을 반복한다.

096 **E**

왼쪽 아래에서 오른쪽 위로 빗금이 그어진 사각형에는 위쪽 또는 오른쪽을 가리키는 화살표가 있다. 오른쪽 아래에서 왼쪽 위로 빗금이 그어진 사각형에는 아래쪽이나 왼쪽으로 화살표가 있다. 그러나 보기 E는 이 규칙에 어긋난다.

097 **9**

숫자는 다음 사각형으로 갈 때 시계 방향으로 한 칸씩 이동하며, 이동할 때마다 1씩 늘어난다.

098

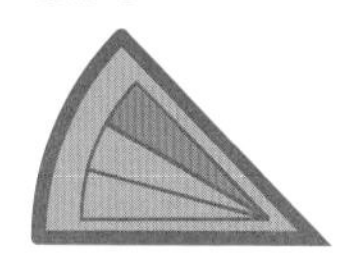

각 원의 조각 안에 있는 색칠된 조각이 시계 방향으로 한 칸씩 이동하며, 끝에 이르면 다시 처음으로 되돌아간다.

이 규칙은 원에서 2시~3시 방향의 조각부터 시계 반대 방향으로 진행된다.

099 B와 F

B는 맨 아랫면의 12가 10이 되어야 하고, F는 맨 아랫면의 10이 6이 되어야 한다.

100 1

가장 큰 숫자인 64에서 시작해 1, 2, 4, 8, 16, 32를 뺀 숫자를 시계 방향으로 한 칸씩 떨어진 조각에 넣는다.

101 D

다른 도형은 가장 작은 원이 두 가지 다른 도형과 겹쳐 있지만, D는 세 가지 도형과 겹쳐 있다.

102 26

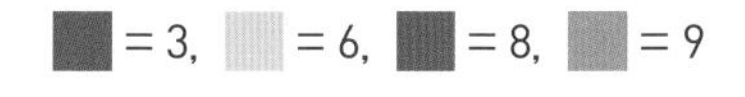

103

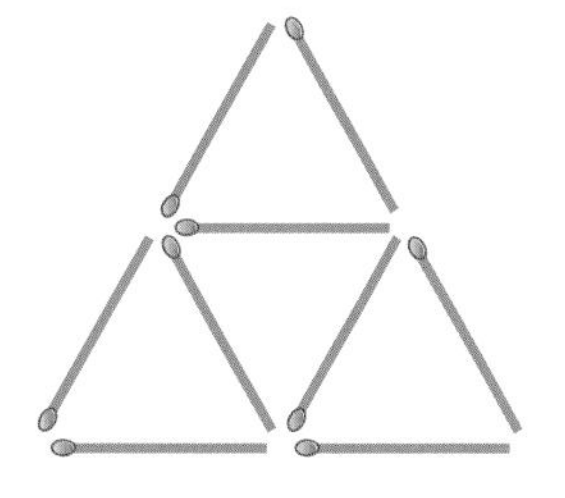

문제의 삼각형 3개 중 하나를 없애 남은 두 삼각형 위로 옮긴다.

104 D

초침은 30초와 15초를 번갈아 뒤로 가고, 분침은 10분 뒤로 가고 5분 앞으로 가는 규칙이 반복된다. 시침은 2시간 앞으로 가고 1시간 뒤로 가는 규칙이 반복된다.

105 10

모든 숫자는 다음 삼각형으로 갈 때 +2, -3이 번갈아 가며 진행된다. 삼각형 D는 삼각형 C의 같은 꼭짓점의 수에서 2를 더할 차례이므로 물음표 자리에는 10이 와야 한다.

106

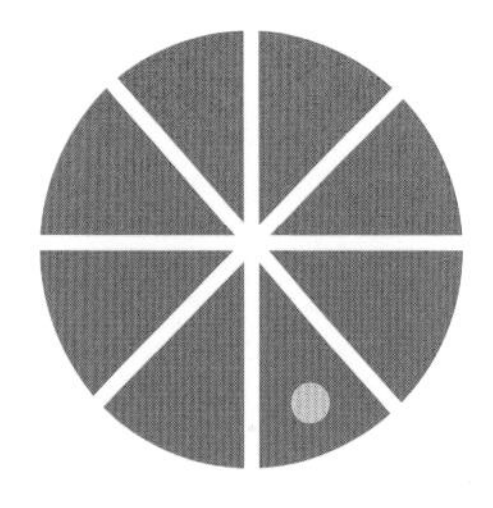

A에서 B로 이동할 때 원의 12시 방향으로 그어진 세로선을 기준으로, 점이 원래 있던 곳과 대칭하는 곳으로 이동한다. 다음 순서부터 기준선이 시계 방향으로 하나씩 이동한다.

107 A

전체 도형이 중앙을 가로로 지나는 수평선 기준으로 대칭된다. 그다음 직선이 있는 모든 도형은 시계 방향으로 90도 회전하고 가장 작은 원은 사라진다.

108 E

E를 제외한 모든 보기는 세 개의 직선이 있는 도형이다. E에는 네 개의 직선이 있다.

109 B

톱니바퀴는 맨 위부터 시계 반대 방향과 시계 방향을 번갈아 가며 움직인다. 마지막 톱니바퀴는 시계 반대 방향으로 움직이므로 상자는 아래로 내려간다.

110 A

111 5

각 가로줄에서 작은 순서대로 세 숫자를 더하면 그 줄의 가장 큰 수가 된다.

112 D

예시 도형처럼 삼각형이 원과 겹치고 직각선이 삼각형의 한쪽 전체와 평행하게 흐르는 곳에 원을 추가할 수 있는 보기는 D뿐이다.

113

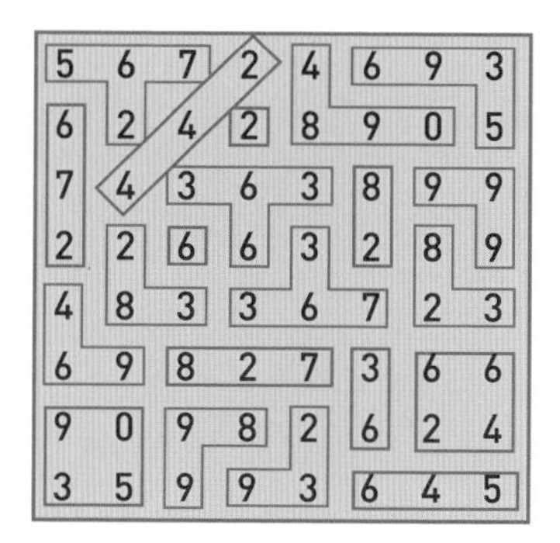

114 28

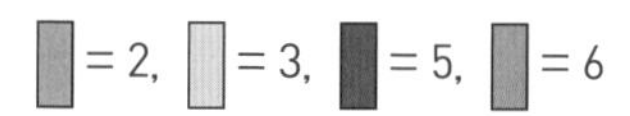

115 오각형

위쪽과 왼쪽 꼭짓점을 곱해 오른쪽 꼭짓점으로 나누면 안에 들어갈 도형의 변 수를 구할 수 있다. 네 번째 삼각형은 (10×2)÷4=5이므로 오각형이 들어가야 한다.

116 D

노란색 큰 별의 한쪽 끝이 사라진다.

117 E

도형 위아래에 있는 곡선은 매번 같은 길이만큼 반대쪽 끝으로 이동한다.

118 E

전체를 시계 방향으로 90도 돌린 다음 그림을 위아래로 뒤집는다.

119 27

=2, =3, =4, =6이다.

① 삼각형의 세 변을 곱한다.

② 안에 있는 색은 모두 더한다.

마지막으로 ①의 값에서 ②의 값을 뺀다. 규칙에 따라 물음표를 계산하면

$2\times6\times3=36$, $4+3+2=9$이므로 답은 $36-9=27$이 된다.

120 E

다음 도형에 원 두 개와 선 두 개를 더하고, 그 다음 도형에서는 각각 하나씩 떼어내는 것을 반복한다. 전체 도형은 시계 반대 방향으로 90도씩 회전한다. 이 규칙에 맞는 보기는 E뿐이다.

121 J

다른 모든 보기는 서로 똑같은 짝을 이루는 보기가 있다.

122 6

각 정사각형에 왼쪽 위와 왼쪽 아래 숫자를 곱한 값에서 오른쪽 위와 오른쪽 아래를 곱한 값을 뺀다. 그 결과를 사각형 안에 넣는다.

123 9

각 조각의 바깥쪽 2개 숫자를 곱한다. 조각이 노란색이라면 2, 초록색이라면 3으로 나눈 다음 마주 보는 조각 안쪽에 그 결과를 넣는다.

124 D

125 22

■ = 2, ■ = 4, ■ = 6, ■ = 7

126 77

/▲=3, /▲=4, /▲=6, /▲=9이다.

① 삼각형의 왼쪽 변과 오른쪽 변을 더한 값에 밑변을 곱한다.

② 삼각형 안의 위쪽 두 개의 색을 더한 값에 아래 색을 뺀다.

마지막으로 ①의 값에서 ②의 값을 뺀다. 규칙에 따라 물음표를 계산하면 $(9+4)\times6=78$, $(6+4)-9=1$이므로 답은 $78-1=77$이 된다.

127

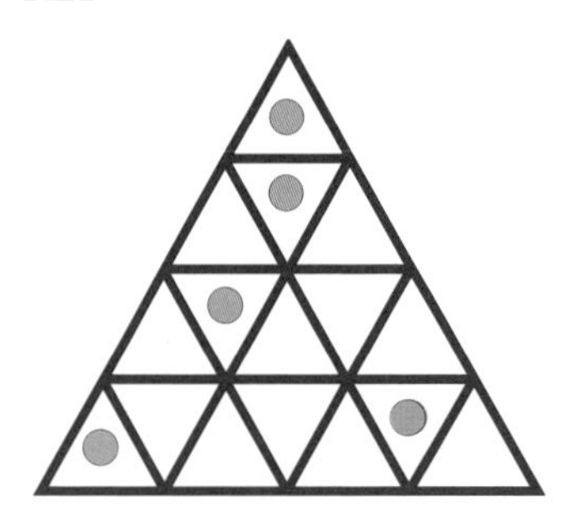

맨 위부터 왼쪽에서 오른쪽으로 내려가면서 진행한다. 처음 삼각형에 점을 찍고, 다음부터는 삼각형 1, 2, 3…개를 건너뛰며 점이 찍힌다. 그림의 맨 아래 점은 삼각형 세 개를 건너뛰고 찍힌 점이므로 다음 점은 삼각형 네 개를 건너뛰어야 한다.

128 2

129 C

작은 고리는 커지고, 큰 고리는 작아진다.

130 E와 M

131 B

132 34

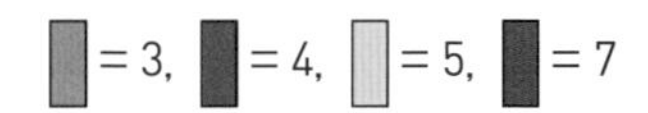

멘사코리아
주소: 서울시 서초구 언남9길 7-11, 5층
전화: 02-6341-3177
E-mail: admin@mensakorea.org

—

옮긴이 이은경

광운대학교 영문학과를 졸업했으며, 저작권 에이전시에서 에이전트로 근무했다. 현재 번역에이전시 엔터스코리아에서 출판 기획 및 전문 번역가로 활동하고 있다. 옮긴 책으로는《멘사퍼즐 아이큐게임》《멘사퍼즐 추론게임》《수학올림피아드의 천재들》《세상의 모든 사기꾼들 : 다른 사람을 속이며 살았던 이들의 파란만장한 이야기》등 다수가 있다.

멘사퍼즐 수학게임
IQ 148을 위한

1판 1쇄 펴낸 날 2020년 7월 10일
1판 3쇄 펴낸 날 2024년 1월 15일

지은이 로버트 앨런
옮긴이 이은경

펴낸이 박윤태
펴낸곳 보누스
등 록 2001년 8월 17일 제313-2002-179호
주 소 서울시 마포구 동교로12안길 31 보누스 4층
전 화 02-333-3114
팩 스 02-3143-3254
이메일 bonus@bonusbook.co.kr

ISBN 978-89-6494-446-2 04410

• 책값은 뒤표지에 있습니다.

내 안에 잠든
천재성을 깨워라!

대한민국 2%를 위한
두뇌유희 퍼즐

IQ 148을 위한 멘사 오리지널 시리즈

멘사 논리 퍼즐
필립 카터 외 지음 | 7,900원

멘사 문제해결력 퍼즐
존 브렘너 지음 | 7,900원

멘사 사고력 퍼즐
켄 러셀 외 지음 | 7,900원

멘사 사고력 퍼즐 프리미어
존 브렘너 외 지음 | 7,900원

멘사 수리력 퍼즐
존 브렘너 지음 | 7,900원

멘사 수학 퍼즐
해럴드 게일 지음 | 7,900원

멘사 수학 퍼즐 디스커버리
데이브 채턴 외 지음 | 7,900원

멘사 수학 퍼즐 프리미어
피터 그라바추크 지음 | 7,900원

멘사 시각 퍼즐
존 브렘너 외 지음 | 7,900원

★★★ 멘사코리아 감수

멘사 아이큐 테스트
해럴드 게일 외 지음 | 7,900원

멘사 아이큐 테스트 실전편
조세핀 풀턴 지음 | 8,900원

멘사 추리 퍼즐 1
데이브 채턴 외 지음 | 7,900원

멘사 추리 퍼즐 2
폴 슬론 외 지음 | 7,900원

멘사 추리 퍼즐 3
폴 슬론 외 지음 | 7,900원

멘사 추리 퍼즐 4
폴 슬론 외 지음 | 7,900원

멘사 탐구력 퍼즐
로버트 앨런 지음 | 7,900원